KB246311

공간을 물로 보다

글쓴이 　**손광호**는 휴스턴 대학(Univ. of Houston)과 프랫 대학원(Pratt Institute)에서 실내디자인학 전
공으로 학사와 석사학위를 취득하였으며, 〈현대건축 수공간의 현상학적 체험과 이해〉로 경상대
학교에서 박사학위를 취득하였다. 현재 인제대학교 디자인학부 교수로 제직하고 있으며 부산광
역시 건축위원, 울산광역시 경관위원과 경상남도 도시디자인위원 등을 맡고 있다.

　　　　최계영은 영남대학교와 동대학원에서 인테리어디자인과 환경디자인을 전공으로 학사와 석사
학위를 취득하였으며, 〈실내공간이미지평가를 위한 주시특성분석방법에 관란 연구〉로 경북대
학교에서 박사학위를 취득하였다. 현재 경남정보대학교 인테리어디자인과 교수로 제직하고 있
으며 시선추적장치를 이용하여 학술진흥재단의 연구과제 〈주시 의도성 추적에 따른 감성공간
디자인기법 개발과 적용〉을 진행하고 있다.

공간을 물로 보다

2013년 3월 10일 1판 1쇄 인쇄
2013년 3월 15일 1판 1쇄 발행

공 저 손 광 호·최 계 영
펴낸이 강 찬 석
펴낸곳 도서출판 미세움
주 소 150-838 서울시 영등포구 신길동 194-70
전 화 02-844-0855 팩 스 02-703-7508
등 록 제313-2007-000133호
ISBN 978-89-85493-67-3 03540

정가 18,000원

저작권법에 의해 보호를 받는 저작물이므로 무단 전재와 복제를 금합니다.
일부 저작권 허가를 받지 못한 사진은 저작권자가 확인되는 대로 절차에 따라
계약을 맺고 저작권료를 지불하겠습니다.
잘못된 책은 교환해 드립니다.

공 간을
물로 보다

글·사진 손광호·최계영

세움

머리말

삶의 질에 대해 현대사회가 추구하는 경향이 바뀌면서 현대인들은 쾌적하게 디자인된 생활공간 속에서 보다 나은 삶을 살아가고 있다. 이렇듯 이용자의 만족도가 높은 공간을 디자인하기 위해서는 다양한 요소들이 필요하며 이는 그 기능에 따라 단순 디자인 요소에서 환경과 공간간의 상호관계를 유발하는 인터랙티브interactive한 디자인 요소로 다양하게 발전하고 있다. 특히 이용자와 소통을 하는 다양한 요소들 가운데 물은 공간에 적극적으로 차지하고 있든, 소극적으로 담겨 있든 간에, 물이 가지는 소리와 형태들로 보는 이들의 반응과 관심을 끌어내기에 충분하다. 오늘날 도시나 건축공간에 친환경적 공간을 조성하여 인간의 감성을 자극하기 위해 물을 도입한 예가 많이 있지만, 어떤 공간은 많은 사람들이 즐겨 찾는 공간이 되는 반면, 어떤 공간은 물이 갖는 특성을 전혀 살리지 못하는 공간이 되어버린 경우를 볼 수 있다. 이렇듯 물을 공간의 디자인 요소로 적용할 때 그 효과를 극대화하기 위해 참고해야 할 디자인상의 원리가 존재하고 있음을 알 수 있다.

이 책은 그 동안의 답사내용을 기초로, 종교건축과 전시관건축에 나타난 수공간을 직접 체험하여 표현된 물을 디자인 측면에서 체계적으로 정리를 하였다. 물이 건축공간과 접하면 어떠한 관계를 형성하는지, 건축적 의미는 무엇인지 알아보고, 물이 공간에 위치하는 형태와 방법에 따라 보는 이들과 상호작용이 어떻게 일어나고 있는지를 이해하는 데 도움을 주고자 한다.

건축 및 실내디자인을 공부하고 강의실에서 학생들에게 가르치면서 만나고 배워왔던 거장들의 작품들을 답사를 통해 보았을 때 느낌은 다양한 미디어로 접하며 나름대로 정리한 생각과 많은 차이가 있음을 인정하게 되었다. 그래서 학생들이 시대는 다르지만 그 공간에서 건축가의 시간과 생각을 수공간이라는 디자인 요소를 통해 공간을 함께 느낄 수 있도록 하고 싶었다. 이 책은 학생들에게 공간의 디자인 요소 중 물의 역할에 관한 설명과 더불어 관련된 자료들을 제공함으로써 보다 논리적으로 공간을 해석하는 데 유익한 참고도서로 사용되길 바라는 마음으로 저술하였으나 부족한 부분이 있음을 이해하기 바라며 건축과 실내디자인의 전공 지식이 풍부하지 않은 일반인들도 쉽게 공감하는 건축공간과 이야기가 있는 책이길 간절히 바라는 마음이다.

아울러 본서가 나오기까지 사고의 폭을 확장시켜주며 격려를 준 주변 분들에게 감사드린다. 특히 사진자료를 제공해준 분들과 스케치로 도움을 준 제자 강승영에게 따뜻한 손을 건넨다. 마지막으로 저자들의 생각이 실현되도록 기회를 주신 도서출판 미세움 사장님과 편집진께 깊은 감사를 드린다.

2013년
저자 씀

차 례

차 례

전시관건축과 수공간 189

[물]
과 건축

01
공간에서의 물

　　건축공간은 외부 환경과 끊임없이 접촉하고 있으며, 이러한 공간 접촉으로 건축물 자체뿐만 아니라 그 외부 환경과 상호 복합적인 관계를 형성하고 있다. 건축공간을 표현하고 그 영역을 확립하는 외부 환경 요소에는 물, 바람, 빛, 소리 등 여러 가지 자연요소들이 있다. 이러한 요소들은 건축의 질서 속에서 공간의 범위를 결정하고 이용자와 접촉하면서 자연과 인간과의 긴장감을 형성하여 현대인의 감성을 각성시킬 수 있다.

　　특히 급속한 경제성장에 따른 생활공간의 변화가 질적인 면보다 양적인 면에 치중되면서, 인공적이고 기능 위주에만 치우쳐 다양하고 독특한 표정이나 양식을 가진 공간이 사라지고 대신 획일적인 공간들이 많이 등장하게 되었다. 인위적이고 획일화된 공간에서 생활하는 사람들은 디지털시대

추잉검으로 유명한 리글리사(Wrigley Company)에서 시카고 시민들을 위해 밀레니엄 파크에 설치한 수공간

로의 전환과 산업의 발달로 인간성 상실과 정서의 결핍, 공해로 인한 자연계의 파괴 등을 회복하기 위해 자연스럽게 친환경적인 경향을 원하게 되었다. 이와 같은 이유로 공간에 자연요소들을 표현하는 경향이 늘어났으며, 특히 물을 이용하는 경우가 증가하고 있다.

자연요소들 중에서 인간생명의 근원이라 할 수 있는 물은 건축물과 다양하게 공존하면서 건축물의 정체성을 확립시켜 줄 뿐 아니라, 물이 가진 여러 특성들을 건축의 공간, 환경, 형태, 성격과 조화시켜 인간과 유기적인 관계를 형성하고 있다. 특히 물은 인간의 시각, 청각, 촉각에 작용하여 공간을 변화시키는 매력적인 특성과 그 특성을 매우 다양한 형태로 활용할 수 있는 장점을 가지고 있다. 현대건축은 물이라는 자연적 요소를 적극 건축물과 결합시켜 건축공간을 한정하고, 그 영역을 확립하여 건축물과 변화 있는 관계규정을 통해 새로운 공간 및 심상 공간 창출을 시도하고 있다. 물리적인 환경에 의해 독자적인 영역을 갖고 건축에 도입된 물은 인위적인 부분을 자연의 한 부분으로 바꾸게 하는, 즉 관계의 통합interaction이라는 특성이 있어 수공간의 속성과 건축공간의 디자인이 서로 영향을 미치도록 한다.

물이 현실세계에서 형성하고 있는 영역은 건축의 영역을 초월하지만, 인간의 실용적·심미적 목적에 맞는 물의 영역은 건축을 매개로 재현, 또는 적용됨으로써 건축과 물의 관계가 형성된다. 그 관계를 위해 건축가는 물이 지닌 역사와 상징, 물리적 특성 등을 세밀하게 감안하여 물이 가진 훌륭한 잠재력이 인간의 행동과 심상에 더욱 친밀하게 다가서도록 건축의 공간과 형태를 구성하여야 한다.

건축공간은 건축물 자체로 경험할 수 있는 공간이므로 어떤 법칙에 따

쇼핑객에게 쾌적함을 주는 분수 (Salt Lake City Creek Center, UT, USA)

라 건물이 공간을 포함하는지, 또는 공간이 어떻게 건물을 성립시키는지 알 수 있다.

공간을 표현하는 요소로서 물은 건축에서 다양하게 이용되며 물의 사용목적에 따라 수공간이 가진 여러 가지 속성들을 건축의 환경과 공간, 형태, 그리고 성격과 조화시켜 유기적인 관계를 형성할 뿐 아니라 건축공간과 더불어 인간의 지각과 행태에도 영향을 준다. 과거의 수공간은 단지 건축공간의 종속적인 관계로 도입되었으며, 건축공간의 변화와 현상에 대한 수공간의 의미표현이 구체적이지 못하였지만, 오늘날의 도시나 건축을 볼 때, 광장, 가로, 쇼핑몰, 실내광장, 공원 같은 공간에 물을 끌어들여 인간의 감성에 작용하여 공간을 쾌적하고 생기 있게 하는 예가 상당히 많은 것을 볼 수 있다.

물의 특성과 이미지

　　　　　　　　　　물이 갖고 있는 다양한 측면들의 특성들
을 정리해 보면, 물의 특성에 대한 접근은 인간이 물을 지각할 때 갖는 지
각적 특성과 물 자체가 갖는 물리적 특성, 공간에 반응하여 영향을 끼치는
공간적 특성 그리고 우리 마음을 움직이는 물 자체의 이미지 특성 등을 나
누어 살펴보면 이해가 쉬워진다.

지각특성
건축공간에 도입된 물은 주변의 공간과 결합되었을 때 물의 특성을 효과
적으로 연출할 수 있다. 이때 인간이 지각할 수 있는 물의 고유한 성질은
변형성, 유동성, 음향성, 투영성, 수평성 등으로 나타난다.
　물은 그 자체로 형태를 결정할 수 없으므로 물이 담긴 용기의 성격에

프린세스 호텔, 1987 (EDAW, Princess Hotel, Scottsdale, AZ, USA)

물과 건축

탈리아신 웨스트, 1957 (Frank Lloyd Wright, Taliesin West, Scottsdale, AZ, USA)

물과 건축

따라 그 형태가 결정되는 변형성을 갖는다. 동일한 양의 물일지라도 용기의 크기, 모양과 질감 등에 의해 매우 다양한 물의 성격과 형태를 가질 수 있는 것이다. 따라서 물을 삶의 공간에 디자인한다는 것은 용기를 디자인한다는 의미로 이해할 수 있다. 그것은 물을 담는 용기의 다양한 형태에 따라 물의 내용도 달라지기 때문이다. 또한 물은 중력 때문에 안정된 상태에 도달하려고 항상 높은 곳에서 낮은 곳으로 끊임없이 흐르는 유동성이 있다. 물은 이 움직임의 차이에 따라 정적인 것과 동적인 것으로 구분할 수 있으며 유동성은 후자의 경우에 강렬하게 표현된다. 동적인 상태의 물은 강이나 계곡, 폭포에서와 같이 언제나 움직임이 있으며, 낙하하는 상태의 물에서는 강한 에너지를 느낄 수 있다. 그리고 역동적이며 강한 시각적 자극을 받는다.

그리고 물은 유동하는 과정에서 성질이 다른 물체에 부딪혀 소리를 내는 음향성을 가진다. 다양한 소리가 주는 이미지는 상상력과 함께 사람들의 마음도 동요시킨다. 물은 그 유량과 유동 정도에 따라 다양한 소리를 내며, 공간의 시각적 측면을 보완할 뿐 아니라 향상시켜주는 역할을 한다.

또한 인간의 감정에 영향을 주어 긴장감을 완화하거나 흥분과 생동감을 주기도 한다. 메마른 인공적인 도시환경 속에서의 물소리는 자연에 대한 그리움과 옛것에 대한 향수를 불러온다. 조용하고 평화로운 시냇물 소리와 우렁차고 힘 있는 폭포 소리는 인간의 감정에 영향을 미쳐 긴장감을 풀어주기도 하고 자극과 생동감을 주기도 한다. 이런 음향성은 인공적인 도시환경에서 시각적 효과만 있는 다른 디자인 요소에 비해 훨씬 적극적이며 생동감을 주고 있다. 또한 잔잔한 물은 거울과 같은 역할을 한다. 조용하고 정적인 상태의 물은 주위 환경을 거의 그대로 반영하는 지각적 특성이

그린에이커 파크, 1971 (Sasaki & Associates, Greenacre Park, New York, NY, USA)
메사 아트센터 수공간, 2005 (Boora Architects, Mesa Arts Center, Mesa, AZ, USA)

물과 건축

있다. 그리고 주위 환경의 이미지인 땅, 식물, 빌딩, 하늘, 사람 등을 반복하여 투영한다. 물은 용기의 모양과 크기, 용기의 재료, 기온, 바람, 빛 등의 요소에 의해 주위 환경과 물이 담겨진 용기의 특징들을 그대로 반영하고, 물이 담겨진 환경의 시각적 이미지가 실제로 투영된다.

또 다른 물의 특성은 공간에서, 인간에게 가장 기본적인 질서인 절대적 수평면을 형성하여 항상 수직적인 요소에 대응하여 존재하고 있다. 특히 건축공간이 수직적인 것에 반해 수평적 요소의 물은 공간의 기반이 되어 안정감을 준다. 자연공간에서 산과 물이 서로 대응하며 조화를 이루듯, 물의 수평성과 건축공간의 수직성이 결합되면 산수화의 물과 산처럼 아름다운 조화를 이룬다.

이상에서 살펴본 변형성, 유동성, 음향성, 투영성, 수평성은 물의 보편적인 특성이지만, 이러한 특성들이 복합적으로 작용하여 물의 여러 가지 이미지를 형성한다.

물리적 특성

물은 인간에게 심리적 갈등을 유발하는 디자인 요소 중의 하나인데, 그 주요원인은 흐르고 비치고 투명하다는 물 자체의 물리적 성질에 기인하기도, 주변 공간과 상호작용에 기인하기도 한다. 스즈키 노부히로鈴木信宏는 그의 저서 『수공간의 연출』에서 물의 이미지를 물 자체에 대한 이미지와 물체에 작용하는 물에 대한 이미지, 공간에 작용하는 물의 이미지로 분류하고 있다.

그리고 물리적 특성에 의한 물의 이미지 형성요인을 습윤·차가움·부드러움과 유동, 수평면, 부피·깊이, 맑음·투광·반사, 용해, 연속체 등 7

제주도립미술관, 2009 (간삼건축)

물과 건축

중정 연못에 비친 마쿠하리
집합주택의 외관, 1996 (Steven
Hloll, Makuhari Housing, Chiba,
Japan)

물과 건축

개의 그룹으로 분류하고 있다. 이러한 요인들의 물리적 경험은 그 강도에 따라 매우 다양하게 나타나며, 물질성을 통해 그 상상력의 자유를 가져 올 수 있다.

공간적 특성

물은 인간의 마음을 동요시키는 특성 이외에 공간에도 많은 영향을 미치 고 있다. 물이 주된 구성요소인 공간에서는 물과 공간 질서의 상호작용이 인간심리 반응의 방향을 규정하며, 특정 감정이나 인식을 유발한다. 물은 하나의 공간에서 방향성을 제시하여 다른 공간으로 이동을 도와주기도 하 며, 외부 공간에서 내부 공간으로, 또는 주공간에서 부공간으로, 공간 변 위과정에서 방향성을 주기도 한다.

물은 수평성에 의해 공간에 수평기반을 제공하는 면이 되어 공간에 안 정감을 부여하며 공간을 넓어 보이게도 하고 좁게 보이게도 한다. 또한 기 능을 달리하는 공간이나 의도가 다른 공간을 분리할 때 물을 이용하기도 한다. 물은 연속적 물질로서 공간의 일부에 놓여 시각적 범위 내에 포착될 때 공간을 한데 모으는 특성이 있어 사람들의 시선을 끌어모으는 역할을 한다. 또한 물은 두 공간에 걸쳐 선상으로 혹은 수평면상의 물이 지각될 때 두 공간을 연결하는 선으로 인식되기도 한다.

물의 이미지 특성

물의 이미지는 크게 3가지로 나눌 수 있다. 먼저 우리 마음을 움직이는 물 의 이미지는 많지만 우선 물 자체 성질로 인해 나타나는 이미지로는 유동 하는 것, 수평적인 것과 무한함, 깨끗함 등이 있다. 그리고 물체에 작용하

포항시청사, 2006 (공간그룹)
군마 현립근대미술관, 2000 (第一工房, Gunma Museum of Art, Tatebayashi, Japan)

물과 건축

는 물의 이미지로는 반사하는 것, 넘치는 것, 소용돌이치는 것, 엄습하는 것, 반영하는 것 등이 있을 수 있다. 공간에 작용하는 물의 이미지는 물이 공간을 펼치고 분리하는 것과 같은 공간에 대한 물의 작용내용과 공간의 질서에 관한 이미지다.

건축공간 내부의 물은 물리적으로 온도를 유지하는 환경조절보다는 인간의 마음을 움직이는 감성적 요소로서 투명성, 유동, 온도, 용해 등의 속성을 지닌다. 그리고 물의 이미지는 형성되는 물의 특징에 따라 나타나는데, 바닥, 벽, 천장으로 구성된 공간의 본질과 관련시켜 분류할 수 있다.

동·서양에서 물의 사용상 이미지의 차이를 비교해 볼 때, 동양에서는 정신적인 면에 물의 가치를 두었다. 그러므로 하천, 강, 바다, 호수, 폭포, 큰 물결 등 자연의 형태에서 나타나는 물을 선호하였다.

동양사상은 사물에서 도道를 얻고자 하였기 때문에 인위적인 새로운 형태로 만드는 데 치중하지 않았다. 물의 이미지 형태는 대부분 불규칙적이며 비대칭적인 것이 주류를 이룬다. 그러나 서양에서는 인간의 생각에 맞는 또는 인간의 어떤 표현에 물의 형태를 인위적으로 만들어 정원의 특정 위치인 교차점 또는 초점에 두었다. 따라서 서양에서 물은 주로 솟아오르는 분수형태가 주류를 이룬다. 그러나 정원에 도입할 수 있는 물의 양과 인간 의지의 표현 등의 요소가 함께 작용하여 다양한 형태의 분수가 나타났다. 그렇지만 그 형태도 규칙적이고 대칭적이며 정형적인 형태가 대부분이다.

수경水景으로 이용할 때에도 물의 이미지는 동양에서는 서양에 비해 소극적이며 상징적이지만, 서양에서는 적극적으로 표현되었다. 동양에서는 자연적인 형태를 이용하였고, 서양에서는 인공적 형태를 이용하였다.

그랜드 파크의 버킹엄 분수, 1927 (Edward H. Bennett, Buckingham Fountain, Chicago, USA))

물과 건축

보길도 세연정

물과 건축

물의 공간적 기능

용산전쟁기념관, 1993 (한울건축) ⓒ Yoon, Seok-Jun

공간에 물을 의도적으로 도입할 때에는 물이 가진 여러 특성들을 공간에 도입하여 공간의 다른 요소들과 유기적으로 조화시켜 주변 환경과 공간적 기능의 효과를 확대시키고자 하는 목적이 있다.

보호 및 차단

사람이 접근하지 못하도록 주변을 물로 둘러싸면 수공간은 차단의 기능을 갖는다. 성곽 주변을 감싸고 있는 물과 동네를 감싸고 흐르는 강물은 외부의 접근을 어렵게 만들려는 장치로서, 차단과 보호의 기능을 보여주는 좋은 사례다. 건물 외부 공간에 수공간을 설치하면 내부와 외부 공간이 분리되며 그 수공간은 건축가가 의도한 대로 어느 한 공간을 보호하고 차단한다. 후쿠오카 미술관 입구의 원형 수공간과 용산의 국립박물관 입구의 수공간은 외부의 소음과 도심의 복잡함으로부터 전시공간의 정숙하고 조용한 분위기를 보호하려는 기능을 잘 보여주고 있다.

미기후 조절 및 소음 차단

물은 외부 환경에서 지표면의 미기후온도와 공기를 조절하는 기능을 갖고 있다. 넓은 면적을 차지하는 물은 지면을 따뜻하게 하거나 천천히 식힌다. 즉, 물에 가까운 구역은 여름에는 더욱 시원하고 겨울에는 더욱 따뜻하다. 표면부분의 습기 증발은 온도를 낮추며, 인근 지역의 공기온도를 변하게 한다. 즉, 물은 주위의 건습함을 중화시키는 기후적 인자이며, 무더운 날 쾌적한 적온대適溫帶를 조성해준다. 이 같은 냉각효과는 바람이 불면 증가하고 사람들에게 전달되어 활기 있는 공간을 만들어 낸다. 또한 물은 외부 공간에서 소리를 효과적으로 차단하는 기능이 있다. 특히 도시환경에서 자동차, 사람, 공장, 주차장 등에서 나는 큰 소음을 차단한다. 팔리 파크Paley Park는 뉴욕 시장이었던 존 린제이John Lindsay가 맨해튼 고층빌딩 사이의 시민들에게 쾌적한 휴식공간을 제공하자는 취지에 의해, CBS 방송국 설립자였던 윌리엄 팔리William S. Parley의 이름을 따서 1967년 환경디자이너 알버

후쿠오카 미술관, 1999 (Rinko Kojima, Fukuoka City Museum, Fukuoka, Japan)

기후조절 개념도 / 소음차단 개념도

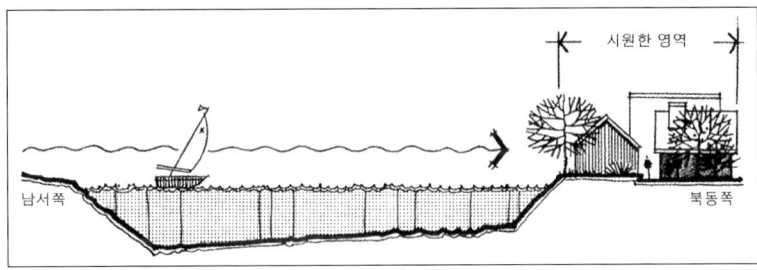

시원한 영역

남서쪽   북동쪽

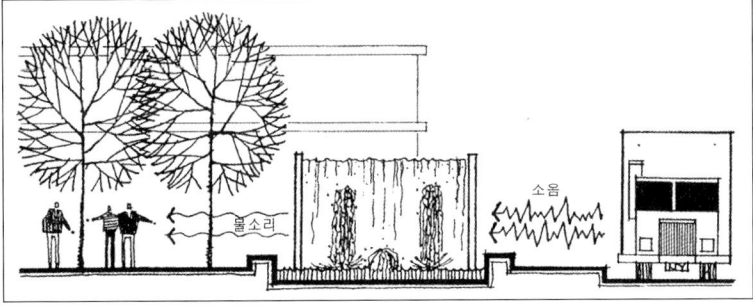

물소리   소음

트 무어Albert Preston Moore가 설계한 작은 포켓 공원pocket park이다. 390㎡ 면적에 6.1m의 높이의 한 면에서 떨어지는 폭포는 분주한 맨해튼 중심부에 조용한 도심의 오아시스를 제공하고 있다. 3.7m 간격으로 심어진 잘 생긴 몇 그루의 수엽나무와 녹색 담쟁이 넝쿨로 덮힌 양쪽 벽이 1분당 1,800갤론을 쏟아내는 폭포수와 잘 어울려 주변의 소음을 차단하여 편안하고 시원한 느낌을 제공하여 시민들에게 많은 사랑을 받고 있는 공간이다.

팔리 파크, 1967 (Albert P. Moore, Paley Park, New York, NY, USA)

물과 건축

오락

수공간은 건축에서 양면성을 가지고 있어 내부의 수공간의 경우, 구심력 작용으로 사람의 관심과 시선을 끌어 모으며, 외부의 수공간은 원심력으로 시선을 오히려 다른 쪽으로 돌린다. 공간 내부의 이러한 수공간에서는 공상이나 기다림, 휴식, 노래, 대화 등의 정적인 활동이 이루어진다. 또한 외부의 움직이는 물이라고 해서 모두 동적인 기능을 갖지는 않지만, 움직이고 있는 물의 수공간 다수는 동적인 기능을 가지고 있다. 동적 수공간은 주로 목적이 있는 활동, 오락 등 레크리에이션을 위한 장소로 제공된다. 일본 시즈오카 물의 광장과 사라고사 엑스포의 수공간은 이용자들에게 즐거움과 참여를 이끌어내고 있다.

1. 참여를 유도하는 사라고사 엑스포의 수공간, 2008 (Zzragoza Expo, Spain)
2·3. 물의 광장, 2004 (水のの 廣場, Kuryu Architects & Associates, Shizuoka, Japan)

습도 조절

물은 외기와 접하는 순간 주변 온·습도의 차이와 변화에 의해 그 형태와 관계없이 증발하기 시작하며 주변 습도를 조절한다. 건조한 지역일수록 평형을 이루기 위해 이 활동은 더욱 활발하게 일어난다. 오래 전부터 중정이나 실내공간의 중심에 물을 도입하여 공기가 자연스럽게 순환하도록 하기 위해 이러한 효과를 이용하여 왔다. 쾌적한 환경을 위한 습도 조절은 인공적 설비체계로도 가능하지만, 물을 도입하여 그 자연스러운 효과를 유도한다면 물의 또 다른 장점들을 함께 얻을 수 있다.

롯폰기 힐즈 쇼핑몰 내부의 낙수 (Roppongi Hills Shopping Mall, Tokyo)
트럼프 타워 내부 벽천, 1983 (Der Scutt & Hayden Connell, Trump Tower, New York, NY, USA)

물과 건축

냉방효과

상온에서 액체상태인 물은 주위 온도의 영향을 받아 그 상태를 변화시키는데, 이때 물은 주위에서 다량의 열을 흡수하게 되어 냉방효과를 가져온다. 보통 15~18℃ 정도의 물을 안개처럼 뿜어내어 바깥의 더운 공기를 안개 속으로 통과시키면 온도를 크게 내릴 수 있으며, 벽을 따라 흐르는 벽천은 실내공간에 감각적인 디자인 요소일 뿐 아니라 여름철에는 시원한 환경을 제공한다. 따라서 물은 그 형태에 관계없이 주위 온도를 하강시키는 증발냉각 효과가 있다.

올림픽 센터 아트리움 (Olympic Center Artrium, New York, NY, USA)

물과 건축

조명효과

물은 그 표면에서 빛을 반사시키는 거울과 같은 효과가 있으며 물 표면 밖의 대상이 물 표면에 투영된다. 그리고 이 대상이 조명효과를 가질 때 물 표면은 그 조명의 다양함을 연출할 수 있다. 또한 물과 밀착된 건물에서는 반사를 통해 자연광을 실내 깊숙이 유도하여 쾌적한 실내공간을 구현할 수 있다.

요코하마 미나토미라이21의 도크야드 가든 (Dockyard Garden in Minato Mirai 21, Yokohama, Japan)

물의 상징성

물은 어떤 형태로든지 사람의 마음을 움직인다. 강렬함과 공포감을 유발하는 거친 바다가 있는가 하면, 우리의 마음을 따뜻하게 어루만지는 부드러움과 상쾌한 이미지의 아침 이슬도 있다. 물의 부정형성에 의한 무한 형태와 같이 물이 나타내는 이미지 또한 다양하다. 물에서 한 가지 의미를 추출하면 그에 대응하는 다른 이미지가 존재하는 것을 발견할 수 있다. 물의 두드러진 상징적 이미지를 살펴보기로 하자.

원초성과 영원성

원형이란 원시적이고 유전적인 인간 정신요소로서 체험으로는 도저히 설명할 수 없다. 태초의 생명이 물에서 태어났고 지상에 존재했던 모든 인류의 생명은 물에서 잉태되었던 사실을 생각해볼 때, 물의 원초성이 우리의

료안지 석정, 1499 (Sand Garden at Ryóan-ji, Kyoto, Japan)

무의식 깊숙한 곳에 자리하고 있음을 알 수 있다.

물은 우리를 오랜 옛날과 연결시키고 물의 흐름은 영원한 세월을 상징하기도 하며 짧은 인생에 대해 영원한 실체로 보인다. 물은 태초 이래로 변한 바 없다. 끊임없이 바다로 흘러들어간 물은 구름이 되고 다시 비로 강을 이루며 영원히 윤회한다.

료안지龍安寺의 석정은 실제로 물은 없지만 모래의 패턴과 바위로 물의 시간적 영원성을 은유적으로 표현한 대표적인 작품이다. 앉아서 조망하기에 적당한 담장으로 둘러싸인 이 작은 정원에서 모래는 바다와 시간, 공간의 무한성을 의미하며, 바위는 세월의 흐름을 나타내는 요소로 표현되었다.

친근성과 공포성

물은 예부터 부드럽고 기분 좋은 것으로 느껴져 왔다. 밝은 햇살 아래서 시원하게 솟아오르는 분수의 물줄기나 소리를 내며 흐르는 맑은 시냇물은 우리를 유혹한다. 삭막한 도심에 있는 분수는 뛰어들고 싶은 충동을 일으키며, 바다의 거대한 파도, 굉음을 내며 떨어지는 폭포, 깊이를 모르는 물에서 우리는 공포감을 느낀다.

프랑스 철학자 가스통 바슐라르Gaston Bachelard는, 인간의 무의식 세계에서 물은 부드러운 물과 난폭한 물의 두 가지 이미지로 구별된다고 하였다. 그리고 물의 우월성은 일상성 때문이다. 폭풍우 치는 바다가 졸졸 흐르는 시냇물보다 우리의 무의식 세계를 강하게 지배하지 못하는 것은 그만큼 접촉이나 감지되는 기회가 적기 때문이다.

링컨 센터, 1964 (Philip Johanson & Richard Foster, Lincoln Center, New York, NY, USA)
나일 강의 머치슨 폭포 (Murchison Falls in Nile River, Uganda) ⓒ Son, Chang-Ho

물과 건축

투명성과 혼탁성

맑은 물은 순결, 정화, 소생을 암시하며, 시간이나 공간을 이어주어 마음을 동요시키는 이미지를 갖는다. 그리고 깨끗하고 정결하게 하는 느낌을 준다. 바위를 타고 내리는 물은 갈증을 없애주기도 하며, 떨어지는 폭포수가 일으키는 물보라는 내리쬐는 햇빛을 반사시켜 아름답게 반짝인다. 물은 맑은 물이 있는 반면에 탁한 물이 있다. 물의 이미지는 조건에 따라 무한하게 변한다고 하였듯이 맑은 냇물과 늪지는 투명성과 혼탁성의 다른 이미지를 보인다. 맑은 물은 바닥재료와 색상까지도 투명하게 보이게 하며 시간이 흐름에 따라 탁한 물로 변하기도 한다.

시원하고 깨끗한 물의 이미지. 챈들러 시청 (City Hall of Chandler, AZ, USA)

물과 건축

무어인첼, 2003 (Vito Acconci, Murinsel, Graz, Austria)

생명성

물은 육체적 측면만 아니라 정신적인 측면에서도 삶과 밀접한 관계와 의미가 있다. 물의 원초적 상징성은 생명성이다. 물에서 기인한 생명은 물과 동질성을 갖는다. 생명력과 동일시되는 물은 그럼에도 불구하고 죽음의 상징으로 간주되어 왔다. 어둡고 깊이를 알 수 없는 물에서 우리는 죽음을 연상한다.

워싱턴 D.C.의 한국전쟁기념관에는 삼각형 대지에 19명의 소대원14명의 육군, 3명의 해병대, 1명의 공군, 1명의 위생병을 상징적으로 구성하여 우의를 입고 작전하는 모습을 실물보다 조금 큰 조형물로 사실적으로 표현하고 있다. 그 삼각형 꼭지점 부분과 겹쳐 지름 9m의 얕은 연못의 수공간은 알지도 못한 나라와 만나 본 적 없는 사람들을 위해 나라의 부름 받은 수많은 아들과 딸을 기억하는 공간으로 디자인되었다. 이 수공간은 젊은이들의 헌신으로 "Freedom is not free."라는 메시지를 강하게 전달하는 매개체이며 그들의 죽음의 가치를 오늘의 삶으로 승화시키는 의미 있는 공간이다. 이 작품에서 수공간은 죽은 자의 공간 속에 생명의 근원인 물을 도입하는 역설적 개념으로 사용되었다.

한국전쟁기념관, 1995 (Cooper-Lecky Architects, Korean War Veterans Memorial, Washington D.C., USA)

물과 건축

물을 모체로 생명은 죽음 그리고 재생이라는 순환의 구조를 이루어 영원과 윤회 등의 의미를 지니게 된다. 이는 물이 갖는 실체적 물질로서의 순환성과 함께 생명순회의 모체가 되는 물질로서 순환이라는 2중구조를 형성한다.

물은 이러한 원형적 상징인 생명과 순환을 바탕으로 미국의 여러 인디언 부족들에게는 생명의 개념으로 설명될 뿐 아니라, 인디언 지역과 민족의 역사를 통하여 개별적이고 독특한 상징성을 가진다. 이러한 물의 상징성은 물 자체를 넘어서, 물은 물리적 현실과 상징적 틈을 연결하는 다리의 구실을 하는 실체적 물질인 것이다. 미국 애리조나의 인디언 유물관 내에 있는 샘물은 사막생활을 하는 인디언 부족에게는 생명수와 같은 요소로 표현되고 있다.

후후겜 인디언 유적박물관. 2004 (Stastny Brun Architects, Inc., Huhugam Heritage Center, Chandler, AZ, USA)

물과 건축

정체성

물은 장소와 관계없이 동일한 인식을 불러일으키는 자연요소이지만, 체험을 통해 다양화될 때 그 개별적 의미를 지니게 되어 체험의 공간이 정체성을 가지게 한다. 물의 물리적 특성에 의한 특별한 체험은 그 장소를 이상화理想化시키기도 한다. 그 예로 물은 반사를 통해 신화, 기억 속의 영웅, 그리고 가치를 부여하는 이상을 상징화하여 공간에 특별한 의미를 부여한다.

필립 존슨이 설계한 미국 휴스턴의 트랜스코 타워 수벽은 64층 높이의 트랜스코 타워의 공개공간 개념으로 확보된 시설물로서, 18m 높이의 반원 수벽을 통해 물이 떨어지도록 설계되었다. 반원 상부에는 13개의 칸으로 구획되어 수벽에 일정한 수량이 쏟아지도록 배려되었다. 물이 떨어지는 바닥 아래에 층층의 계단이 있어 바닥에 부딪히는 물의 반응에 변화를 주고 있으며 높은 곳에서 떨어지는 물의 양이 엄청나서 청각적으로 압박감을 주기에 충분하다. 수벽 표면의 재료는 짙은 색으로 마감하여 떨어지는 순간의 물을 자세하게 표현하는 최고의 효과를 주고 있다. 반원형의 수벽에서 쏟아지는 물과 전면의 입구역할을 하는 로마양식 구조물은 사람과 사람의 만남뿐 아니라 사람과 수공간의 만남을 윤택하게 하여 수공간의 정체성을 강하게 표현하고 있다.

1889년 시카고의 매트로폴리탄 간척지역 탄생 100주년을 기념하여 미스 반 데어 로에Ludwig Mies van der Rohe의 외손자인 더크 로한이 맥 클루그 코트McClug Court와 시카고 강 사이에 만든 아치형 분수인 센테니얼 분수는 매 시간마다 15분간 거대한 물줄기로 시카고 강을 가로지르며 고층빌딩 사이를 유유히 흐르는 시카고 강에 대해 물의 자연적 현상을 상징화할 뿐 아

트랜스코 타워, 1983 (Philip Johnson, The Transco Tower Water Wall, Houston, TX, USA)

물과 건축

니라 미시간 호수에서 출입하는 배들과 강변을 산책하는 시민들에게 순간의 기억을 강하게 인식시키게 한다. 자연적 요소에 물리적 힘을 가하여 시카고 강변의 랜드마크적인 건축물들에 매 시간 부드러운 조형언어를 던짐으로써 도시의 장소성과 시간성을 부여하여 강한 정체성을 느끼게 하는 유쾌한 분수로 자리매김하고 있다.

센테니얼 분수, 1989(Dirk Lohan, Centennial Fountain, Chicago, IL, USA)

물과 건축

물에 대한 우리 민족의 정서

우리 민족의 물에 대한 전통적 정서를 몇 가지로 정리해 보면, 먼저 물을 신선함이나 생기를 의미하는 긍정적 가치를 지닌 것으로 보았다. 싱싱한 생선을 보고 "물이 좋다"고 한다. "물이 갔다"하면 신선도나 생기가 없다는 것을 의미한다. 술, 밥, 반찬 등의 맛이 제 맛이 아니면 "물이 갔다"고

말한다. 생선뿐 아니라, 어떤 물건이나 사람까지도 가장 좋은 상태가 아니거나 때가 지났을 경우에도 "한물 갔다"고 한다.

사람에게 물이 올랐다고 말할 때에는 육체적으로 성숙하고 생기발랄한 젊은이를 뜻하며 반면에 물이 갔다는 것은 기운이 빠지거나 의욕을 잃고 풀이 죽어 있는 상태를 말한다. 인간의 변질된 모습을 이야기할 때에도 물을 사용하여 "정치 물을 먹었느니, 사회 물을 먹었느니" 하는 말을 사용하는 것을 볼 때 물은 생명력이나 생기를 의미하는 것으로 생각해 볼 수 있다.

그리고 물은 마음도 씻어준다고 믿었다. 불량배들이 범죄집단에서 벗어나 새로운 삶을 살기로 하였을 때도 "손을 씻고 나왔다"하여 나쁜 행실도 물로 씻는다고 표현하였다. 부정한 것을 보았을 때에는 눈, 코, 입을 씻기도 하였고 간악한 것이나 음탕한 것을 보았을 때에도 갓끈을 씻었다고 한다. 물에 씻어 없애는 이러한 행동은 물리적 차원을 넘어 상징적인 의미를 가질 수 있다.

또한 물은 슬픔, 이별, 한을 나타내고 있다. 강물은 흐르는 것이기 때문에 물이 이별, 만남, 재회의 기약을 상징하기도 하였다. 물은 이별을 상징하는데 이것은 눈물에서 비롯된 것으로 볼 수 있다. 치산치수가 미흡했던 옛날에는 가뭄으로 타버린 고향을 등지고 살아남기 위하여 떠나야만 했고 때로는 큰 물난리를 당하여 가족과 재산을 모두 잃기도 했는데, 바로 이러한 재앙의 원천이 물이었기에 우리 선조에게 물은 슬픔, 이별, 한으로 비쳐진 것 같다.

영주 무섬마을의 외나무 다리

1 공간적 의미
2 형태적 의미
3 상징적 의미

[수] 공간의 건축적 의미

01 공간적 의미

공간의 확장

　　물이 형성하는 수평면은 관찰자의 시점에서 보면 공간이 확장되는 느낌을 준다. 이것은 수평 연속체로서 물에 대한 시각을 증대시켜 '펼쳐지는 면'을 지향하도록 하기 때문이다. 이 펼쳐지는 면을 지향하는 물은 주변 환경이 협소하더라도 '쾌적하게 넓어 보이고 시원스러운 수면'을 보여주며 공간을 확장시킨다. 이처럼 수면이 지면과 이루는 레벨의 차이를 없애 지면과 연속되는 확장감을 주기도 한다. 또한 지면보다 높은 레벨의 물은 빛의 굴절에 의한 착시효과로 공간의 확장감을 준다. 일반적으로 물은 바닥보다 낮은 곳으로 흐르게 되므로 수면을 높이면 좁은 공간은 넓어 보인다. 이러한 형태의 수공간들은 수평적 공간확장에 해당한다.

공간을 확장시키는 수면, 제주도립미술관, 2009 (간삼건축)

수공간의 건축적 의미

공간의 분리

물은 공간을 구성하는 다른 물질들과 이질적이어서 물리적 경계가 없더라도 그것만으로 상징적 의미의 경계를 형성한다. 물은 공간의 내부와 외부 사이에 존재하면서 내·외부의 분리를 강조할 뿐 아니라, 선과 면의 형태로도 공간을 분리할 수 있다.

종교건축에서 물은 신성한 곳과 세속적인 곳을 가로지르는 경계의 선이 된다. 마을의 경우, 물을 건너 어느 마을로 들어섰다고 할 때 외부와는 절연된 안온한 내부로 들어온 것 같은 착각에 빠지게 되며 물로 둘러싸인 마을은 더욱 충실한 내부로써 체험되고 있다.

물은 건물과 대지를 밀접하게 연결시켜주고, 한 지역을 타 지역과 구획하거나 경계를 이루며 둘러싸는 효과도 있다. 그러므로 계류나 연못은 산책로의 방향을 지시하며, 콘크리트, 벽돌 등 포장면과 대조적인 연질의 부드러운 바닥재료로서 물은 시각적 경계를 이루어 심리적·공간적으로 분리시킨다.

안토안 프레독이 애리조나 사막지대에 설계한 풀러 주택의 수로는 공간을 분할한다. 실내 수로는 폭이 좁고 단순히 흐르는 물로서 동과 서를 축으로 공간을 분리하는 하나의 선으로 작용한다. 무굴양식 정원을 가진 타지마할의 수로 또한 공간을 분리한다.

풀러 주택, 1984 (Antoine Predock, Fuller House, Scottsdale, AZ, USA)
타지마할, 1654 (Ustad Isa, Tajmahal, Agra, India) ⓒ Son, Chang-Ho

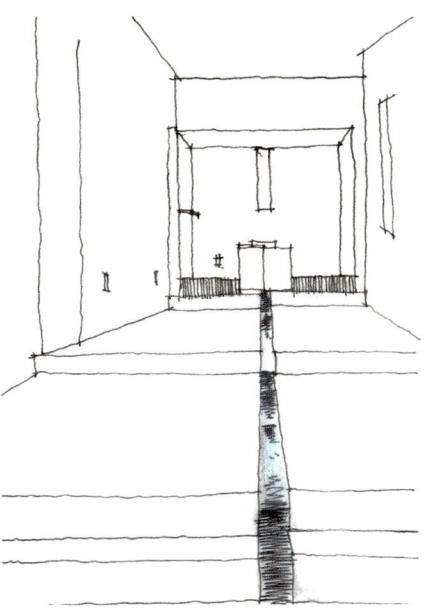

수공간의 건축적 의미

공간의 연결

공간 분리에 이용되었던 물은 물의 연속성이나 유동성 때문에 공간을 연결 또는 통합한다. 가스통 바슐라르는 물은 그 자체가 균일하지만 다른 것을 단일화시키며, 물의 겉모양이 아주 다양함에도 불구하고 물은 시각적으로 통일성을 준다고 하였다. 수공간은 중심성이나 구심성, 연속성과 유동성에 의해 연결된다.

공간을 연결하는 물은, 여러 개의 공간을 연결, 통합시키며 공간에 안정감을 주는 정적 기능이 있으며 구심성을 띄고 있다. 또한 물은 공간적으로 제한하는 경계기능과 주변 공간을 내부로 끌어들이는 공간적·시각적인 연계기능을 함께 지니고 있다.

또한 연속성을 가진 물은 공간을 연결하는 선이 되어 두 공간에 걸쳐 흐르는 선상의 물이 시계 내에 들어올 때 두 공간을 연결하게 된다. 알람브라 궁전 라이온즈 코트에서 보면, 각 4개의 실내공간으로부터 흘러나온 물은 라이온즈 분수가 있는 중정으로 합쳐지고 있는데 실내에서 외부의 중정에 이르는 수로들은 내부와 외부 공간에 걸쳐 존재함으로써 이들을 통합하고 중심인 라이온즈 분수를 통해 각각의 공간이 완전히 연결된다.

알람브라 궁전의 라이온즈 코트의 평면도와 스케치, 1377 (Court of the Lions at Alhambra, Granada, Spain)

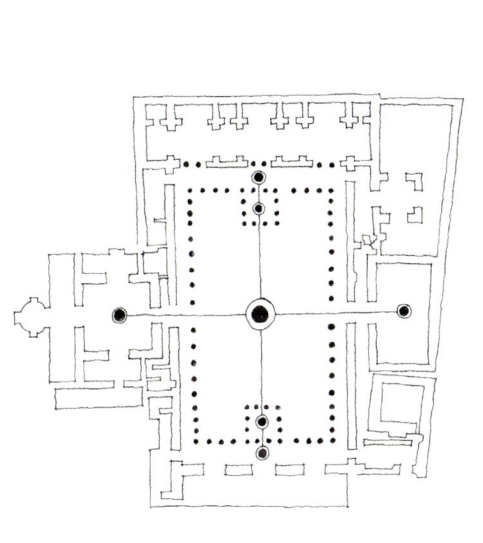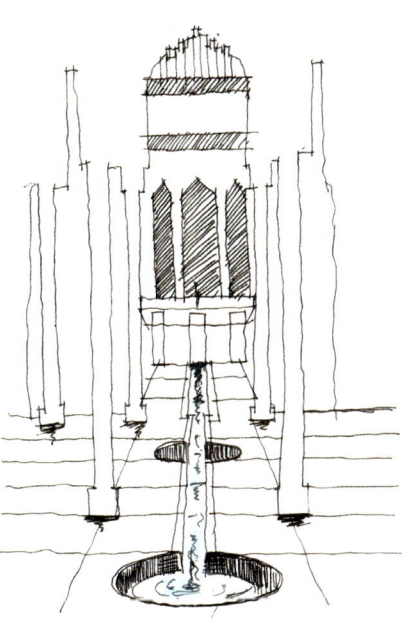

수공간의 건축적 의미

공간에서의 방향성 강조

물의 물리적 한계가 길이 방향으로 강조되어 선형이 되거나 한 방향으로 흐를 때 그 물은 공간의 방향을 설정하는 선이 된다. 또 한쪽 방향으로 흐름을 유도할 때 더욱 구체적으로 방향을 제시하게 된다. 이렇게 방향성은 물을 한정하는 물리적 형태와 물의 유동성으로 형성된다.

또한 물은 공간에서 독립요소로 존재하지 않으며, 절대적·수평적 요소로만 존재하려고 한다. 이와 같이 사방으로 퍼진 수평면은 수평선상의 주변 공간을 투영시키며, 공간의 수평적 시각을 확장시켜 주요 경관요소가 된다. 조용한 물의 수평적 확장감은 공간적인 여유와 원근감을 조성하여 주변을 통일된 하나의 공간으로 느끼게 한다.

물은 초점과 연결선의 형태로 분류될 수 있다. 예를 들면, 마을의 한 우물은 생활의 초점이 되었다고 볼 수 있다. 왜냐하면 옛날 아낙네들은 우물에서 모든 생활을 이루었기 때문이다.

물이 어떤 장소의 초점으로 배치되면 주변 공간을 응집시키며 시선과 발걸음을 끌어당긴다. 공간을 조직화하는 수공간의 축선은 특정 운동을 일으키기 보다는 수많은 요소들을 통일시켜 더 큰 전체에 합일시키는 상징적 방향성이 있다. 이와 같은 축은 초점의 연속적인 표현이다.

또한 물의 방향성은 고전적 공원에서도 수로 등의 형태로도 많이 표현되었다. 알람브라 궁전의 머틀즈 코트는 흐름 없는 긴 장방형의 물리적 형태에 의한 방향성을, 피닉스 미술관의 수공간은 물의 흐름으로 방향성을 제시하는 사례다.

수공간의 이미지는 공간질서에 직접 기인하는 동시에 물리적 공간요소를 조작하여 수공간 디자인의 방향을 제시하는 근거가 될 수 있다.

알람브라 궁전의 머틀즈 코트, 1377 (Court of Myrtles at Alhambra, Granade, Spain) © Cha, Sang-Gi
피닉스 미술관, 1996 (Phoenix Art Museum, Tod Williams & Billie Tsen, AZ, USA)

수공간의 건축적 의미

02
형태적 의미

물은 중력의 영향으로 언제나 수평면을 형성하며 사물을 투영할 뿐 아니라, 물 표면의 수평성으로 인해 주위 환경을 반사하는 특성을 지닌다. 이러한 특성은 건축에 예기치 않는 조형 효과를 줄 수 있다. 디자이너는 이러한 예기치 않는 디자인까지도 계획과정에서 검토하여야 한다. 건축형태에서 물은 조형성대칭과 새로운 형태 이미지 등을 창조하며, 디자인의 완성도를 높이는 중요한 요소로 자리매김하고 있다.

조형성 창조
건축과 밀착되어 수평면을 형성하는 물은 건축물을 그 표면에 반사한다. 밀착의 정도에 따라 완전한 형태를 모두 물 표면에 담을 수 있다. 건축의 전면부에 밀착되어, 물표면 위로 확장된 이미지는 건축의 파사드와 기하학적 대칭을 통해 실체와 통합되어 건축 입면에 새로운 조형성을 부여한다. 이때 입면 디자인은 물에 반사된 이미지까지 함께 고려하여야 하며, 대칭이 중요한 디자인 요소가 된다.

겨울철 중정 연못에 비친 마쿠하리 집합주택의 외관, 1996 (Steven Hloll, Makuhari Housing, Chiba, Japan)

수공간의 건축적 의미

새로운 이미지 연출

고여 있는 물이라도 언제나 절대 수평면을 유지하지 않는다. 수면의 작은 움직임과 날씨에 따라 변화하는 물 자체의 부드러운 이미지는 반사된 이미지의 형태와 색채, 질감을 왜곡시켜 실재 건물에서 느낄 수 없는 새로운 이미지를 재창조한다. 그리고 물에 비친 반사된 모습은 마음을 감동시킨다. 건축물의 반사된 이미지는 그 실체가 가지지 못한 여분의 무언가를 제공한다. 차가운 이미지의 건축이 물에 반사되어 부드럽게 왜곡되며 새로운 모습으로 다시 태어나게 된다. 중요한 건축물에 더 큰 권위를 부여하려면 충분한 반사가 이루어져야 한다. 하지만 평범한 건축을 더 편안하게 연출하려고 할 때 반사를 이용하면 효과적이다.

물의 형태가 건축물 외피의 디자인 요소로 적용되면 조형성을 띤 새로운 이미지로 부각될 수 있다. 여성건축가 지니 갱이 시카고 도심에 디자인한 아쿠아 빌딩은 82층 높이의 주거복합단지로 일반적인 단조로움에서 탈피하여 각층의 콘크리트 발코니를 다양하게 연결시켜 마치 미시간 호수에서 불어오는 바람으로 물결치는 듯 디자인하였다. 이는 새로운 이미지를 연출하여 도시의 활기를 불어넣고 있다.

아쿠아 빌딩, 2010 (Jeanne Gang, Aqua Building, Chicago, IL, USA)

수공간의 건축적 의미

형태 이미지 강조

넓은 수평면을 구성하는 물은 건축의 주변을 2차원 평면으로 단순화함으로써 3차원 오브제인 건축물의 실루엣을 더욱 커 보이게 한다. 그리고 조각적 이미지를 주며 질적으로 한 차원 높여 준다. 모래사막 위의 피라미드나 뉴욕의 자유의 여신상도 이와 같은 효과에 의해 그 조형적 특성이 강조된 예다.

유리블록으로 마감을 한 15m 높이의 반투명 타워인 시카고 밀레니엄 공원의 크라운 분수는 대형 LED화면의 상황에 맞게 물을 뿜어내거나 타워 전체에서 물을 분출시켜 자칫 단조로울 수 있는 타워에서 시민들과 교감을 하는 인터랙티브한 작품으로 타워의 형태와 이미지를 잘 드러내고 있다.

크라운 분수, 2004 (Krueck & Sexton Architects, Crown Fountain at Millenium Park, Chicago, USA)

03
상징적 의미

        건축에서 물의 상징성 도입은 상징주체 도출과
이미지 유추, 그리고 건축적 표현이라는 과정을 따른다. 공간에 물을
도입하는 경우 물이 우리의 삶 속에 살아 숨 쉬고 있다는 사실을 상
기시켜야 하며, 그 매개로서 상징성이 갖는 의미는 매우 크다고 볼 수
있다. 역사를 통해 축적된 물에 관한 수많은 상징이 공간의 용도나
성격과 조화될 때 공간과 물의 상호간의 의미를 더욱 높일 수 있다.
  공간에서 물의 상징성은 인간의 심리 속에 물에 대한 깊은 동경
이 포함되어 있을 때 나타난다. 이러한 물에 대한 동경은 종교공간에
서 다양한 물의 이미지 형태로 나타난다. 공간에 도입된 물은 그 자
체가 지닌 상징성과 물을 한정하는 물리적 형태의 상징을 통하여 공
간과 관계를 형성한다.

무너진 베를린 장벽의 한 부분과 수벽 (Manhatten, NY, USA)

수공간의 건축적 의미

물 자체가 상징적 의미를 지닌 경우

종교건축에 도입되는 물은 형태보다 그 존재가 가지고 있는 상징성이 더욱 중요시되어진 경우의 대표적인 예다. 물로써 영혼을 씻어 깨끗하게 새로 태어나게 한다는 영세의식은 동서고금의 많은 종교에서 발견되며, 더러운 영혼을 정화하는 영세에 쓰이는 물은 단지 몇 방울이면 충분하다. 그것은 물의 양이라든가 형태는 그리 중요하지 않다는 뜻이며, 그 존재와 접촉했음이 더욱 큰 의미를 지니기 때문이다.

사찰건축에서 사용되는 물은 세속의 세계와 성스러운 세계를 나누는 공간 분할적인 의미가 있다. 특히 물을 도입한 사찰의 수경관은 불교의 우주관을 표상하는 수미산이나 극락정토의 근원으로 상징되어, 절대적인 깨달음의 즐거움과 마음의 정화를 의미하는 상징물로 받아들여져 왔다. 이러한 까닭에 예로부터 사찰공간은 물과의 상관성을 적극적으로 가질 수 있는 장소에 입지를 선정하게 되었고, 사찰공간 내부에 수경관 요소를 다양하게 도입하여 물과의 친화력을 높일 수 있는 장치를 마련한 것으로 생각된다.

중생들이 있는 곳此岸에서 부처님이 계신 곳彼岸으로 건너가려면 징검다리나 외나무다리 또는 돌다리를 건너가게 된다. 다리를 건너서도 일주문, 천왕문, 불이문, 대웅전으로 향하는 진입체계를 거치면서 공간별로 의미 있는 불교사상적 체험인 고집멸도苦集滅道를 경험하게 된다.

안도 다다오의 물의 교회와 물의 절에서 물의 존재는 더욱 강하게 부각되며, 관련된 공간을 더욱 성스럽게 한다. 물의 교회 예배실 내부 는 물을 향해 전면이 개방되어 있으며, 잔잔하게 유동하는 물과 그 위의 십자가는 외부로의 개방으로 인한 산만함은 전혀 찾아볼 수 없다. 오히려 물을 통해

MIT 채플, 1954 (Eero Saarinen, MIT Chapel, Boston, MA, USA)

종교공간으로서 정적이며 명상적인 분위기를 이끌고 있다. 이 교회는 신의 수직적 의미인 십자가가 물에 내려앉아 인간–물–하늘로 이어지는 소우주적 해석은 물의 공간적 이미지를 극명하게 나타내고 있다.

에로 사리넨의 MIT 채플에서 사용한 물은 예배실을 둘러쌈으로써 외부세계와의 경계를 형성하여 속세의 더러움이 종교적 공간을 침범하지 못하도록 상징적 보호막이 되고 있다.

물을 한정하는 형태가 상징적 의미를 갖는 경우

물 자체가 갖는 상징적인 의미가 그것을 한정하는 물리적 형태의 상징성과 결합될 때 더욱 복합적인 상징을 표현할 수 있다. 루이스 칸은 솔크 생물학 연구소에서 물의 순환과정을 형태적으로 추상화하여 재현하고 있다. 이 과정에서 물을 단순한 형태의 홈 사이로 흘려 고요의 장소인 중앙에 이르게 하여 보는 이로 하여금 많은 상념에 잠기도록 하고 있다. 조그만 샘에서 흘러나와 중정 가운데를 가로질러 태평양으로 흘러가는 형상을 띄고 있는 이 시냇물을 지켜보고 있으면 마치 태평양이라는 거대한 진리의 물과 연결된 인간의 조그마한 지혜를 보고 있다는 생각을 갖게 한다.

반면에 루이스 칸의 『침묵과 빛』이라는 책에서 "솔크는 살아 있는 사물의 존재 표현뿐 아니라 과학자가 예술가의 영역인 예측할 수 없는 것의 현존을 생각하였다"라고 말하고 있는 것을 보아, 이곳의 수로는 이미 알려진 것과 실험실 과학자들의 영감에 의해 마무리 지어질 아직 드러나지 않아 알 수 없는 결과와 희망적 목표들을 상징적으로 연결시켜주고 있음을 알 수 있다.

솔크 연구소, 1965 (Louis Khan, Salk Institute for Biological Studies, La Jolla, CA, USA) ⓒ Cho, Eun-Kil
사야마이케 박물관, 2001 (Ando Tadao, Sayamaike Historical Museum, Osaka, Japan) ⓒ Cho, Eun-Kil

자연환경과의 관계가 상징적 의미를 갖는 경우

건축이 주변의 자연환경과 더욱 더 가깝게 밀착되도록 건축에 물을 도입한 경우로, 여기서 물은 자연계를 구성하는 자연요소의 일부라는 관념이 지배적이며 그 유형은 동화와 대응이라는 두 가지로 나타난다.

그러나 그 체험이 지리적 이유로 쉽지 않거나 또는 더 편리하게 물에 접하기 위해서 인위적으로 건축공간에 물을 도입하게 된다. 재현되는 물은 주변에 존재하는 자연의 물과 유사한 형태가 대부분이며, 그렇게 함으로써 사람들은 자연을 더 가깝게 느끼게 된다.

군마 현립근대미술관은 원호를 디자인 요소로 도입하여 조형적인 느낌을 주고 있다. 진입부에서 긴 동선을 따라 움직이면 수량이 넉넉한 작은 개울을 건너게 한다. 원형으로 자리잡은 미술관을 따라 수공간이 자연스럽게 계단식으로 넓은 수면을 형성하며 미술관의 외관을 자세히 담고 있다. 강둑 위에 위치한 시설관리와 화장실 용도의 단순한 형태의 건물에서 바라보는 미술관은 수공간과 미술관이 주변 상황과 적절하게 조화되는 형태로 계획되어 미술관에 인접한 개울의 수공간과 숲의 일부처럼 느끼게 한다.

주변 자연환경과 대응을 통한 조화의 경우는 물이 흐르든 정지해 있든, 경관의 상한선을 형성하는 수직요소인 산과 더불어 경관의 하한선을 형성한다. 물에서 시작하여 산을 거쳐 하늘로 이어지는 공간의 흐름은 건축에서 중요하며, 이를 공간의 향천적 흐름이라 부른다. 그리고 이것은 우주의 축으로서 예로부터 신화, 종교적 개념의 원형적인 공간 인식으로 받아들여지고 있다.

군마 현립근대미술관, 2000 (第一工房, Gunma Museum of Art, Tatebayashi, Japan)

수공간의 건축적 의미

이렇게 산과 물이 대응하는 형식은 여러 경우에서 보이는데, 풍수의 장풍득수藏風得水, 배산임수背山臨水, 산자수명山紫水明 등은 모두 산수의 대응구조가 기본이다. 이 경우 건축은 물—산—하늘로 이어지는 건축공간의 향천적 흐름을 완성하기 위해 주변의 산이나 건축 자신의 대응요소로서 물을 건축에서 재현한다.

프랭크 로이드 라이트의 낙수장은 중력의 법칙에 대한 인간의 도전을 자연의 흐름을 거스르지 않는 아래로 떨어지는 물로 강조하고 있다. 그리고 생활의 장소와 자연을 통합하려는 이상을 구체화하였다. 자연 그대로인 숲에 둘러싸여 자연과 조화되는 건축으로서, 마치 자연의 일부인 느낌을 주고 있다.

공간에 물을 도입한 것은 오래 전부터 건축물과 조화되어온 조형의 한 요소로서, 효과적으로 디자인된 물은 그 공간을 중심으로 작은 영역에서부터 크게는 도시공간을 쾌적하게 한다. 수공간은 건축과 도시환경 속에서 상호간의 기능을 발휘하여 우리의 생활을 풍요롭고 즐거움을 주는 환경을 조성한다. 이와 같은 의미에서 수공간은 건축 디자인 요소로 적극 활용되어야 한다.

물은 그 속성이나 기능에 따라 건축공간에 다양한 형태로 적용되며, 인간의 심리와 정서, 그리고 주변 공간의 성격까지 결정하는 중요한 요소다. 그러므로 공간에서 물의 디자인 효과는 공간을 확장, 분리, 통합하며 공간의 방향성을 가진다. 특히, 건축공간의 물은 물의 존재 자체를 의도하는 상징과 물이 공간을 한정하는 형태가 상징적 의미를 갖는 경우가 있다.

낙수장, 1935 (Frank Lloyd Wright, Falling Water, Bear Run, PA, USA)

수공간의 건축적 의미

현대건축의

[수]

공간 디자인

지각적 체험요소와 수공간 디자인

현대건축의 수공간은 공간을 직·간접적으로 접촉하게 하며, 공간의 느낌이나 분위기를 신체적으로 체험하게 하여 공간을 기억하게 한다. 또한 신체의 능동적인 참여를 이끌어내는 역할을 한다. 건축과 자연의 조화로운 관계를 연출하여 건축을 풍요롭게 하여 인간적이며 자연적인 건축이 되게 한다. 즉, 자연적 요소를 건축적 장치로 활용하여 공간을 보다 풍부하게 하고, 쾌적한 공간과 장소성을 창조하기 위한 것이다.

수공간의 계획은 물의 성격과 그 활용방안에 따른 공간의 성격 변화까지 고려해야 한다. 인간이 물을 보면서, 만지면서, 소리를 들으면서 느끼는 수공간은 인간의 감성에 영향을 주는 심리학적인 느낌으로 다가오므로 초기단계의 계획에서 더욱 철저한 고려가 필요하다. 또한 인간의 신체적 체험을 유발하도록 물 도입에 의한 장소성의 강화와 이용자의 쾌적성, 지속성 등 환경의 질을 높일 수 있도록 해야 한다.

인간의 다양한 체험을 유발하는 감성적 요소의 수공간, 메사 아트센터

디자인 목표

현대건축은 표면으로 나타난 표현과 그 뒤에 내재된 장치를 가지며, 다의적으로 구성되는 경우가 많다. 그러한 다의적 구성을 즐기는 게임이 되기도 하는데 이와 같은 장치가 바로 수공간이다. 수공간은 건축공간에 미적 기능과 인간의 심리에 큰 영향을 주며 자연에 대한 욕구 충족과 긴장감의 해소, 재충전의 기회를 주고 있다.

그리고 현대건축 수공간의 체험적 특성과 상호 관계성에 대한 해석의 의미를 고려해 볼 때, 수공간 계획에서 장소성의 창조, 내·외부 공간의 쾌적성 추구, 건축계획적 및 경제적인 측면에서 지속성 등이 중요한 개념으로 생각된다. 그러므로 이 책에서는 수공간을 이용한 디자인 요소로 장소성, 쾌적성, 지속성을 기본개념으로 한 공간을 제시하며 이 세 가지 특성을 추구하는 것을 수공간의 역할로 설정하고자 한다.

청량감을 주는 양쪽 벽천 (Shopping Mall, Hongkong)

현대건축의 수공간 디자인

디자인 원칙

수공간을 계획하고자 할 때 이용자와 공간에 대한 충분한 이해를 통해 건축공간의 특성을 고려한 계획을 하여야 한다. 우선 공간에 대한 이용자의 상호교감이 긴밀하게 형성되게 하려면 지역의 정서와 문화, 사회적인 분위기를 반영하는 매개체로서의 수공간이 되어야 하며, 또한 수공간 연출시 시각적 자극뿐만 아니라 신체적 자극이 이루어지는 수공간이 되어야 한다. 즉, 장소체험의 조건인 신체의 움직임에 의해 공간을 직접 경험을 할 수 있도록 계획하여야 한다.

수공간을 이용하는 사람들의 움직임과 심리를 파악하여 다양한 체험이 이루어지는 수공간이 되어야 하며, 수공간 계획시에는 위치 선정과 설치목적, 유지·관리, 타당성 등을 기본적으로 고려한다. 그리고 규모와 접근성, 일조, 재료, 온도, 바람, 경사 등 물리적 사항을 종합적으로 고려해야 한다.

건물 상부에서 떨어지는 물, 사라고사 엑스포, 2008 (Zaragoza Expo, Spain)

프라하 캄파 섬의 수로

1. 롯폰기 힐즈 66플라자의 수벽
(Roppongi Hills 66Plaza, Tokyo)
2. 하늘과 벽을 담은 명화의 정원 수공간
3. 애리조나 챈들러 시청의 분수
4. 애리조나 스캇츠데일 주택
수영장 바닥의 모자이크

수공간 디자인의 기본개념

장소성

　　수공간은 무엇보다도 사람의 마음을 부드럽게 해 준다. 강력한 햇볕 아래에 흐르는 물은 그곳이 풍족한 곳임을 암시한다. 그리고 수공간은 주변 상황과 상징적으로 이어지며 새로운 장소를 만들어낸다. 여러 건축가들의 작품 속에 표현된 수공간은 하나의 장소를 만들어내고 장소의 개성, 즉 아이덴티티를 표현하는 건축의 강력한 도구로 볼 수 있다.

　　사례로 살펴 볼 종교건축과 전시관건축의 수공간은 풍부한 감성을 불러일으켜 장소에 대한 기억을 심어주어 결국, 고유의 장소성을 강하게 느끼게 하는 장치다. 즉, 건축공간을 신체적으로 체험하고 장소적 의미를 갖게 하여 새로운 공간을 창조하는 요소다. 그러므로 수공간 디자인에서 장소성을 높이는 것이 중요하며, 이를 위해 수공간에 대한 접근성과 수공간의 형태, 매개체의 연출 효과 등을 특별히 고려해야 한다.

체이스 맨해튼 은행 선큰가든, 1964 (Isamu Noguchi, Sunken Garden for Chase Manhattan Bank Plaza, New York, NY, USA)

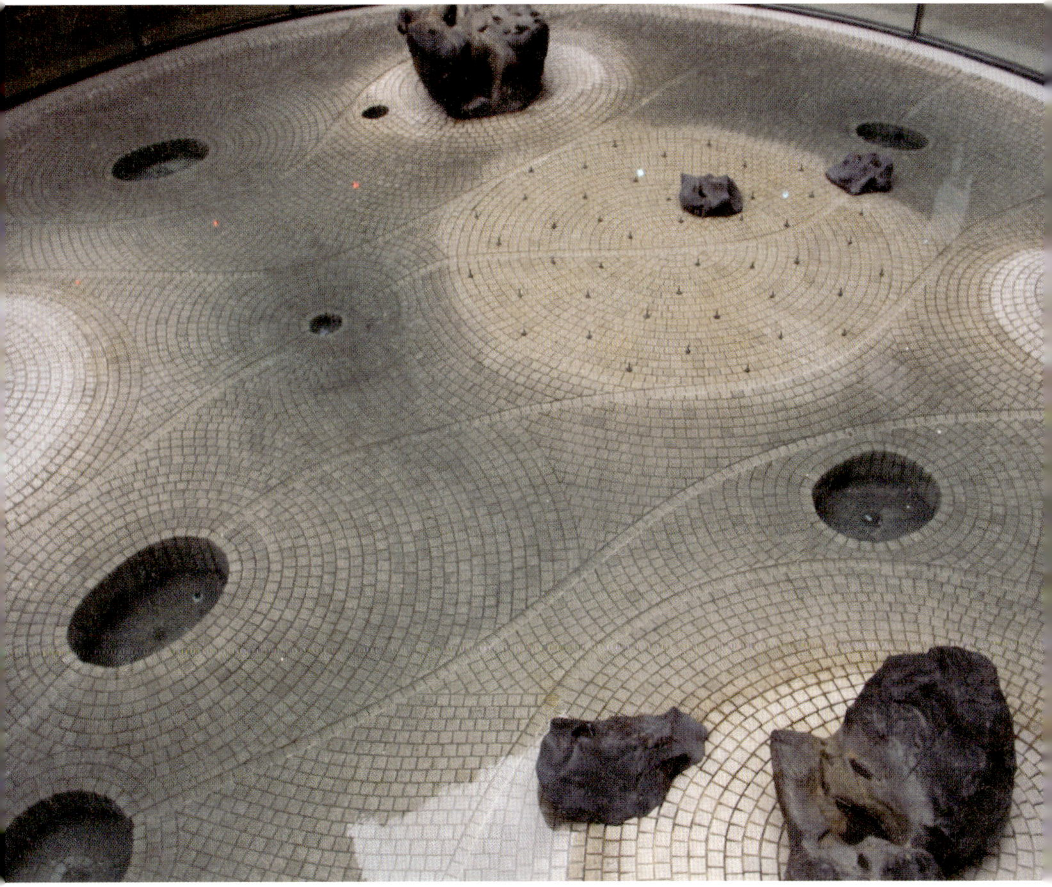

쾌적성

건축에서 수공간 계획의 또 다른 중요 개념인 쾌적성은 물의 가장 큰 장점이며, 공간에서 수공간은 쾌적성과 생동감 등을 부여하여 준다. 즉, 현대 건축 공간에서 인간의 심성을 자극하는 요소인 수공간을 도입하여 생활의 활력을 높일 수 있다. 그러므로 인간의 감성과 공간의 질을 높이는 수공간 디자인에서 쾌적성은 중요한 개념이다.

그리고 물을 어떻게 처리하는가는 건물의 쾌적성 확보에 중요하다. 인간 친화적 수공간은 물의 물리적·환경적 특성을 고려하여 사람들에게 건강하고 쾌적한 공간과 다양한 커뮤니티가 형성될 수 있는 공간을 제공할 수 있어야 한다. 이를 높이기 위해서는 인간 중심적인 접근과 빛과 자연요소를 도입하고 실내의 환경계획에도 쾌적성을 고려해야 한다.

피카소로 유명한 시빅 센터 플라자의 수공간 (C. F. Murphy Associates, Richard Daley Center, Chicago, Il, USA)
우메다 빌딩의 주시젠노모리 분수, 1993 (Hiroshi Hara, Chushizenno-mori at Umeda Sky Building, Osaka, Japan)

지속성

지속 가능성은 현재와 미래의 건축적 화두다. 건축과 수공간도 하나의 유기체로서 지속성을 유지하는 것은 중요하다. 건축은 자연과 상호작용하고 서로 대등한 위계를 가지며, 자연과 인간, 자연과 건축, 인간과 건축이 공존하는 특성이 있다. 현대건축에서 수공간은 건축 내에 자연요소가 도입된 것으로 서로 조화를 이루어야 한다. 그리고 친환경적인 측면에서도 수공간의 도입은 적절한 대응책이다.

지속성은 주변 자연과 유기적으로 확보해야 하며, 자연요소를 수공간의 특성을 높이는 데 적극 활용한다. 즉, 자연광빛과 수목, 바람, 하늘 등과 같은 자연요소를 물과 함께 연출하여 자연친화적인 수공간을 연출해야 한다. 그리고 환경적·경제적 그리고 유지·관리적의 다양한 측면에서 지속성을 유지하는 것이 중요하다.

자연친화적인 수공간, 제주도립미술관

현대건축의 수공간 디자인

03
수공간의 디자인 요소 적용

장소의 접근성

장소의 접근성은 수공간 설치 장소의 타당성을 확보하는 것이 중요하다. 물의 연출효과를 높이는 요소도 중요하고 물리적 접근성과 시각적인, 또는 이미지적 접촉을 기도하는 심리적인 접근성을 고려하는 것이 중요하다. 또한 물의 공간적 특성인 연결성을 이용한 계획방법으로 수공간이 건물의 내·외부 경계를 해체시키고 다양한 교류가 이루어지는 중간적 공간이 되게 한다. 즉, 수공간은 외부와 내부의 중간적 공간으로서 자연광과 바람, 강우와 소리를 조절하는 전이적 공간이 되어야 한다.

물은 장소와 관계없이 동일한 인식을 불러일으키는 자연요소이지만, 체험을 통해 다양화되면서 그 개별적 의미를 지니게 되므로 체험의 공간이 장소화되도록 해야 한다. 즉, 교류와 놀이, 문화 등의 기능 및 활동특

리글리 회사 빌딩과 시카고 트리뷴(Chicago Tribune) 빌딩 사이의 소통과 휴식공간으로서의 수공간

성에 적합하도록 소요면적, 접근방법, 건물의 출입구와 동선 등을 고려해야 한다.

그리고 물의 공간적 특성인 방향성과 초점성, 연결성, 연속성 등을 이용해 사람들 간의 사교 및 자연스런 만남의 장소를 만들어 주어야 한다. 단일 건물의 수공간계획만이 아닌, 건물과 건물간의 커뮤니티를 만드는 등 다양한 스케일로 소통이 가능한 공간을 계획하여야 한다.

수공간의 형태 및 모양

건축공간에 이용되는 물의 형태는 건축이 세워질 주변 환경과 제반여건에 따라 달라지므로 수공간의 유형 중 풀pool은 기하학적인 선과 면이 지배하는 도시공간이나 인위적인 요소가 강한 환경에 적합하며, 연못은 주변 환경이 자연에 접해 있거나 자연경관이 수려한 장소 등에 설치하는 것이 바람직하다. 또한 투영이 목적인 경우는 자유곡선형보다는 사각형, 원형이 적합하다.

종교건축의 경우에는 평면적인 형태로 고요함과 평온함, 개방감을 느낄 수 있도록 안정된 이미지로 계획하는 것이 수공간의 목적에 부합하며, 전시관건축의 경우는 장소의 랜드마크적 효과를 높이기 위해서 공간적으로 입체적인 낙수와 분수가 효과적이다. 분수는 물이 수조의 물과 부딪칠 때 특정 음향이 발생되도록 하고 공간을 강조하는 데 유용하기 때문이다.

자유형이나 곡선형의 수공간은 자연풍경과 경관에 잘 조화되며 휴식과 평정의 느낌을 연출하는 데 효과적이며, 평지의 경우에는 수로형태를, 경사지의 경우에는 캐스케이드cascade와 워터 체인, 물 계단 등을 도입한다.

공간에 움직임과 방향성을 제시하기 위해서는 유수를 이용하고 흐르

햇빛에 반사된 수막, 2003 (water curtain, Water Work at Arizona Falls)

는 물은 음향성과 흰 수포가 발생되게 연출하여 체험적 효과를 높이도록 한다. 직사각형의 수공간은 양변을 끌어 잡아당겨지는 힘이 존재하여 방향성을 지니고 있으므로 물의 흐름에 따라 시선의 방향이 움직이게 하여야 한다.

시선의 유인효과를 높이기 위해서는 유수보다는 낙수의 형태를 적용하고, 낙수로 인해 수막이 형성되고 수포를 발생시키도록 계획한다. 또한 광원을 이용하여 빛에 대한 낙수의 이미지를 고려하고, 낙수 뒤편에 광원을 두어 난반사와 투명효과를 높여 시각적인 매력을 고조시킬 수 있다. 낙수는 물의 부피와 낙수고, 벽면을 조절하여 매우 다양하고 흥미로운 효과를 유발시키도록 한다.

사라고사 엑스포의 수공간, 2008 (Zaragoza Expo, Spain)

다음 장에서 사례로 보여줄 성 이그나티우스 채플, 포트워스 현대미술관처럼 정적인 수공간을 건축물 외부에 설치하여 시간성을 느낄 수 있도록 하며, 주변 환경과 건물을 투영시켜 새로운 형태로 연출한다. 또한 성 피터 교회와 킴벨 미술관 같이 내부에 수공간을 두어 공간의 중심성이나 상징성을 주기도 한다.

건축물의 내·외부에 사용된 수공간은 그 위치에 따라 활용의 차이가 있으므로 외부에 사용된 수공간은 동적인 성격을 지닌 공간으로, 건물의 내부에 사용된 수공간은 정적인 성격의 공간이 되도록 계획한다.

또한 수공간의 형태는 건축물과 조화되는 형태를 고려하며, 건축물의 용도에 적합해야 하므로 주요 시각대상물과의 시각적 경쟁이 발생되지 않도록 유의해야 한다. 수공간의 바닥면은 물의 유동과 투과되는 빛이 상호 작용하여 또 다른 차원의 시각적 특징을 보여주므로, 주요 시각대상물에 대한 배경이나 전경으로 활용될 수 있도록 배려한다.

수공간의 형태나 형식은 다양하므로 주위의 상황과 일체가 되도록 계획하거나 파격적인 대조를 이루도록 해야 한다. 중요한 사실은 수공간 형태 자체는 낮이나 밤이나 실루엣에 의해 지각되어지므로 이해하기 쉬운 윤곽선을 가진 비교적 단순하고 대담하고 쉽게 이해될 수 있는 형태가 바람직하다.

스카츠데일 하얏트 리전시 호텔 (Hyatt Regency, Scottsdale, AZ, USA)

현대건축의 수공간 디자인

배경이 되는 벽과 잘 어울리는 분수. 홍콩 황후상 공원(皇后像廣場) 분수

수공간의 규모와 매개체의 연출

수공간의 크기는 관찰자와 반영되는 물체의 크기와 규모와 함께 고려하여 건축공간의 특성과 주위의 조건에 따라 결정되어야 한다.

장소성이 풍부한 수공간을 만들기 위한 장치로 부가적 요소의 첨가를 적극 고려해야 하며 수공간에 조각과 조명을 이용하여 물의 특성을 돋보이게 하고 색다른 효과를 연출할 수도 있다. 수공간의 효과를 높이기 위해서 주의를 끄는 바위, 조각, 꽃, 수초, 녹음 등의 요소를 이용하고, 건축의 구성요소인 가벽과 경사로, 계단, 다리 등을 수공간과 적절히 구성하여 물에 대한 체험효과를 높이도록 한다. 물의 시각효과인 통합성을 이용하여 주변 환경요소들을 수공간을 중심으로 시각적으로 연결시킨다.

물속의 기둥의 그림자, 사라고사 엑스포, 2008 (Zaragoza Expo, Spain)

현대건축의 수공간 디자인

태너 분수. 1984 (Peter Walker, Tanner Fountain at Havard University, Boston, MA, USA)
옛 건물의 구조물을 이용한 분수 (Water House, New York, NY, USA)

인간 중심의 쾌적성

물과 공간질서와의 상호작용이 인간 심리반응을 규정하며, 특정 감정이나 인식을 유발시키므로 인간과 수공간의 조화로운 구성을 위해서는 물의 구성원리와 물의 작용, 이미지 등을 파악하여 것이 중요하다.

그러므로 물의 유동성과 수평성, 변신성 등을 고려하여 수공간이 계획되어야 하고 물의 음향성을 잘 활용하여 사람들의 긴장감을 풀어주고 자극과 생동감을 주어야 한다.

수공간은 휴식과 긴장, 놀라움, 즐거움, 대조, 동적 생동감, 사랑스러운 느낌, 경외감 등의 감정을 지니게 하므로 이러한 특성을 살려 계획한 인간 친화적인 수공간은 즐거움을 주는 요소이므로 물의 방향이나 흐름, 물의 양을 조절함으로써 어린이나 이용자들의 참여도를 높일 수 있다.

인간은 자연에 대한 그리움을 느끼므로, 수공간은 자연요소로서 인간에게 즐거움과 유희, 호기심을 느끼게 한다. 자연요소인 물, 바람, 빛 그리고 하늘은 건축을 이념적 사고에서 현실의 실제 수준으로 향하게 하며, 그 안에 있는 인공적인 생활을 깨우는 것이다.

현대건축은 인간이 자연의 존재를 느끼게 하는 건축적 장소를 만들어야 한다. 물과 바람, 빛, 그리고 다른 자연요소들이 건축 안에서 추상화되었을 때, 건축은 인간과 자연이 일관성 있는 긴장감 아래서 서로를 조절하는 장소가 된다.

시원함을 주는 스캇츠데일 쇼핑몰의 분수 (Shopping Mall at Scottsdale, AZ, USA)

현대건축의 수공간 디자인

체류성을 유발하는 **자연친화적 공원** (Lake Shore East Park, Chicago, IL, USA)

물과 빛의 조화는 수공간의 질을 높여주는 주요 연출요소의 하나이므로 자연광이 내부의 수공간에 비치도록 연출하고 빛이 물속에서 투사되어 반사되는 것까지도 세밀히 고려해야 한다. 깨끗한 수공간은 사람들에게 시각적으로 청명성, 아름다움을 전해주며 심리적으로는 휴식과 편안함, 쾌적함을 느끼게 해주기 때문이다. 또한 분수는 수직성과 빛에 대한 상호작용으로 인해 초점적인 설계요소로 효과적이다.

유메부타이(夢舞台)의 안개분수, 2001 (Tadao Ando, Awaji Yumebutai International Conference Center, Hyogo, Japan)
수영장 바닥에 반사된 주위 환경

현대건축의 수공간 디자인

귀여운 느낌의 수공간 (Saguaro Hotel , Scottsdale, AZ, USA)

실내환경 계획

쾌적한 실내환경을 위해서는 적절한 습도 유지와 온도, 소음 절감 등이 필수다. 수공간은 습도 유지와 소음 감소에 효과적으로, 그 자체로는 방음효과가 크지는 않지만 심리적 효과까지 고려할 때, 실제 수치 이상의 방음효과와 미기후 조절의 효과를 기대할 수 있다. 즉, 수공간은 실내에서 건강한 공기환경 확보와 보온효과, 방음효과 등의 역할을 하며 시각적 즐거움을 준다.

내부 공간의 물은 물소리를 발생시켜 리드미컬한 율동감과 생명감을 느끼게 하며, 폐쇄감 없는 보호된 미기후를 이루어 사용자들에게 쾌적한 실내환경이 되도록 한다. 실내공간의 습도와 온도를 조절하기 위해서는 분수를 내부 공간에 둘 수 있다. 또한 물이 보이지 않는 곳으로부터 흘러와 미지의 세계로 사라져 간다고 하는 이미지는 흐름이라는 동적인 표정 이상으로 중요하다. 흐르는 물은 대단히 멀거나 또는 무한한 곳으로부터 흘러내려오듯이 계획하는 것이 바람직하다. 그러나 물이 가까이 흘러 올 때에는 물과의 친밀한 접촉을 도모하여야 한다.

실내 환경 계획에서 물의 유동성, 음향성을 적극적으로 도입하여 정적인 공간에 좀 더 활력성과 청량감을 부여하여 시각적 질을 증진시키고, 극적이며 감성적인 공간을 연출하도록 한다.

트럼프 타워 내부 벽천, 1983 (Der Scutt & Hayden Connell, Trump Tower, New York, NY, USA)

포도호텔 (Itami Jun, Podohotel, Jeju, Korea)

지속성과 재료

수공간 또한 주변 환경과의 조화와 연결을 통해 인간을 위한 공간으로서의 의미와 지속성을 고려하여, 기존 대지의 형태에 맞춰 변형과 훼손을 최소화하고 그 지역의 기후와 문화, 지리적 특성을 그대로 살린 공간계획이어야 한다.

수공간은 재료에 따라 물의 이미지가 달라지므로 표면재의 독특한 재질감에 의해 부드럽고, 맑게 보이기도 하고 차갑게 보이기도 한다. 그러므로 물의 형태와 수량, 물에 비치는 그림자, 물의 깊이에 따라 또는 바닥재료의 텍스처texture나 색깔을 고려한다.

비오토피아 레스토랑, 2008 (Itami Jun, Biotopia Restaurant, Jeju, Korea)

물의 투명성을 강조하기 위해서는 물을 담는 용기의 마감과 색상을 신중히 고려해야 한다. 물의 침투성으로 인해 벽이나 바닥에 젖어들어 재료의 텍스처나 색이 변하기도 하므로 수공간의 깊이와 용기의 마감재료는 수공간의 표면이 어두울수록 반영성이 증대된다. 물의 수심을 깊게 하거나 마감재료의 명도를 낮게 하여 반영성이 불필요한 곳에는 물의 투명성을 살려 용기의 마감재료를 독특한 디자인으로 유도한다.

물의 물리적·환경적 특성을 잘 이용하면 에너지를 절약할 수 있다. 이런 공간을 구성하려면 수공간과 건축공간의 배치부터 에너지를 고려하여야 한다. 태양의 고도와 일사량, 바람의 방향, 방위 등을 수공간 배치와 결부시켜 물의 물리적 특성인 반영성, 투명성을 극대화하고, 미세기후를 조절할 수 있도록 한다.

특히 겨울철 물을 사용할 수 없는 수공간의 용도 변화를 위한 다각적인 계획이 필요하며, 에너지 절약적인 측면과 사회·환경적인 차원에서 지속성을 유지하는 것이 중요하다. 기후변화에 따른 물의 형태변형은 기대하지 못한 뜻밖의 상황을 연출하기도 한다. 겨울철의 빙벽iced wall을 의도적으로 디자인할 수 있으며 분수에서 뿜어진 물줄기는 의도하지 않은 형태로 얼어 보는 이들에게 즐거움과 호기심을 자아내게 한다.

예상치 못한 얼음분수의 멋스러움 (Albuquerque, NM, USA)
겨울철의 태너 수증기 분수. 1984 (Peter Walker, Tanner Fountain at Havard University, Boston, MA, USA)

현대건축의 수공간 디자인

종교건축과

[수]
공간

MIT 채플

에로 사리넨이 1954년 디자인한 MIT 채플은 130여 석의 작은 종교공간으로, 인접한 크레스지 연주홀과 함께 MIT 대학 캠퍼스를 위해 설계되었다. 이 두 개의 건물이 한 건축가가 설계하였음에도 불구하고 각각의 크기와 실루엣 그리고 건축기술은 서로 대조적이다. 거대한 강당은 당시 첨단기술이었던 얇은 쉘의 콘크리트 돔의 개방적인 형태인 반면에, 채플은 거친 표면의 원형 벽돌건물로 극도로 단순하고 보수적이며 폐쇄적인 형태다. 또한 채플은 단순한 원통형태와 주위와 대비되는 재료로 인하여 주변 건물들보다 상대적으로 아주 작은 건물임에도 불구하고 캠퍼스의 중요한 오브제가 되고 있다.

채플은 원과 사각형이라는 2개의 단순한 도상형태들이 대위법적으로 조합되어 있다. 즉, 안과 밖이 벽돌로 마감된 원통형 예배당과 유리로 이루

MIT 채플 전경

종교건축과 수공간

어진 긴 직사각형의 입구통로가 형태와 공간의 대위를 이루고, 사각형의 대리석 제단과 그 상부의 원형 천창이 대위를 이룬다.

채플 지붕에는 데오도르 로작Theodre Roszak의 작품인 종루가 얹혀 있어 건축과 조각의 긴장과 균형을 잘 나타내 보이고 있다. 종루는 형태나 크기에 있어서 건축물과의 조화를 이루어야 할 뿐 아니라 건축의 본질을 잘 이해하여야 한다. 이 종루는 건축에 적용된 기본도형인 원과 신과의 관계를 절제된 조형언어로 표현한 작품이다.

원형형태의 단순한 이 채플은 하나님께 가장 좋은 것을 드려야 한다고 주장하여 지어진 중세의 화려하고 거대한 교회와 성당들에게 의미있는 메시지를 전하고 있다.

수공간의 특성

이 채플의 수공간은 원형 예배실 외부를 감싸고 있는 형태로 수공간의 폭은 약 2m이며 물의 깊이는 약 40㎝ 정도다. 원통형의 채플은 얕은 원형 수공간 중앙에 서 있고 원통 하부에는 크기와 간격이 불규칙한 아치들이 물 속에서 위로 솟아 있다. 또한 수공간 바닥은 붉은 화강석을 깔아 마치 건물이 물속의 화강석 받침대 위에서 물 위로 떠 있는 듯하다.

이곳의 수공간은 예배실을 둘러쌈으로써 일상적인 외부 세계와의 경계를 형성한다. 그리고 공간을 분리하며, 속세의 더러움이 종교적 공간을 침범하지 못하는 상징적 보호막이 되고 있다. 물을 한정하는 형태가 상징성을 나타내어 새로운 이미지를 연출하는 수공간의 특성을 나타내고 있다.

이 채플의 체험적 특성은 채플 외부 주위 수공간에서 반사된 빛의 특별한 효과에 있다. 원통형 외벽 아랫부분의 아치 안쪽에 사이를 띄워 허리

외벽과 수공간

종교건축과 수공간

높이의 내벽을 쌓고 그 사이에 수평으로 유리를 끼웠다. 외부의 빛이 외벽 주위의 얕은 물에 반사되어 이 수평창을 통하여 어두운 예배실 내벽을 아래로부터 위로 희미하게 벽돌을 따라서 비추게 하였다. 완만하게 굴곡진 예배실 내벽은 정교한 벽돌쌓기 마감을 하여 내부 공간에 반사된 빛이 예기치 않은 형태로 채플의 내부 공간을 밝히며, 외벽의 틈 사이로 아래로부터 흘러들어 특별한 느낌을 주고 있다. 빛의 반사로 내부 공간에 신비함을 나타낸 이러한 연출은 채플 내부에 직접 수공간을 도입하지 않고, 반사장치에 의해 외부 공간의 수공간을 내부에서도 느끼게 하여 종교적 공간의 효과를 극대화하였다.

수공간은 건물의 그림자와 채플에 인접한 자연을 비추어 시간의 변화를 느끼게 하여 체험의 장을 이룬다. 그리고 내부 공간에서도 외부 수공간에서 반사되는 빛의 강도에 따라 감성적인 공간을 연출하며, 시각적·신체적 체험을 유도하여 변화하는 시간성을 느낄 수 있다.

대학 구내에 위치한 이 교회는 건물 외부를 둘러싼 수공간에 의해 특별한 공간임을 강조하고 있다. 어프로치 공간인 회랑은 외부 공간과 어두운 채플을 연결하는 시퀀스가 된다. 내부 공간은 속세에서 격리된 어두운 공간이며, 로마의 판테온 신전 같은 고대 종교건축물에서 자주 나타나는 불가사의한 생명력을 뚜렷하게 재생하고 있다. 공간의 이 신비한 힘은 어두움과 그 속에 비치는 빛으로부터 비롯된다.

건축가는 빛을 2중으로 이용하여 공간의 중심과 에워쌈의 주변 효과를 창출하였다. 중심의 빛은 제단에서 이루어진다. 대리석으로 만든 단순한 박스형 제단은 3단 원형 기단 위에 설치되어 있으며, 그 제단 위 천장에는 둥근 천창이 뚫려 있다. 거기서부터 여러 개의 가느다란 와이어를 설치하

벽 틈 사이로 반사되는 빛

여 제단의 배경막을 형성하였다. 그 와이어에 다양한 각도로 매달린 수많은 사각형 알루미늄판의 모빌은 천창의 자연광으로부터 반사되어 환상적인 분위기를 연출하고 있다. 유일한 천창을 통해 들어온 빛은 제단과 배경막에 집중되어 하늘에서부터 내려오는 신의 은총을 표현하기에 부족함이 없다. 단순한 형태의 백색 대리석 제단은 어두운 공간 안에서 국부적으로 조명을 받으므로 공간의 중심성은 더욱 강조된다.

신의 은총을 표현하는 모빌

종교건축과 수공간

가든 그로브 커뮤니티 교회

필립 존슨과 존 버기가 설계하고 1980년도에 건립한 가든 그로브 커뮤니티 교회는 일명 수정교회 Crystal Cathedral로도 불리고 있다. 현대건축의 대표적인 건축가인 필립 존슨에게 교회당 설계를 의뢰한 로버트 슐러Robert Shuller 목사는 외부 세계를 포용할 수 있고 영감을 주며, 정신을 고양시킬 수 있는 교회당을 건축하기를 원했다. 따라서 그는 건축가가 제안한 유리지붕을 통해 최대한 투명한 교회를 만들도록 강력히 희망하였다.

예배당의 평면은 좌우의 장축의 길이가 약 125m, 전후의 단축의 길이는 그 절반인 약 62.5m다. 회중들을 성소에 더 강력하게 집중시키기 위하여 라틴 크로스latin cross의 평면형식을 변형시킨 형태이며 3,000명의 회중을 수용할 수 있다. 평면의 구성은 주 출입구 맞은편 삼각형 부분에 1,000

가든 그로브 커뮤니티 교회 전경, 1980 (Philip Johnson & John Burgee, Garden Grove Community Church, Garden Grove, CA, USA)

종교건축과 수공간

명을 수용할 수 있는 성가대와 강단으로 이루어진 성소를 두고, 그 앞의 아래층에는 주 회중석을, 그리고 성소를 제외한 3면의 삼 각형 부분은 1층 레벨을 필로티로 만들어 출입구들을 두고 그 상 부 2층에 계단식의 회중석을 두었다. 이 발코니형의 회중석으로 인해 예배실의 천장높이가 최고 약 39m까지 솟아오르는 거대한 공간이지만 놀라울 정도로 친밀한 느낌을 준다. 주 출입구 반대편 의 넓은 모서리에 설치한 강단은 예배공간 속에서 그 재료와 단 의 넓이와 높이 그리고 거대한 파이프 오르간으로 인하여 매우 화려하고 웅장하다.

이 교회의 외피는 벽과 천장 모두가 금속제의 하얀 입체 트러 스로 지지되는 10,000장이 넘는 판유리다. 따라서 예배당 내부의 벽과 천장은 파이프에 의해 정사면체를 이루는 기하학적 단위들 이 무한히 반복됨으로써 통일성을 유지하여 개방된 예배공간이 되었다. 외부 마감은 햇빛을 차단할 수 있는 실버 코팅 반사유리 로 태양광선 중 단 8%만 투과시키고 나머지 빛을 차단함으로써 내부 온도를 조절하고 있다.

교회 내부와 회중석의 긴 수공간

종교건축과 수공간

수공간의 특성

이 교회의 수공간은 모두 세 곳에 있으며, 모두 분수형태이지만 각기 그 역할과 특성은 다르다. 내부의 수공간은 아래층 회중석 주출입구로부터 제단에 이르기까지 예배실의 중심축을 따라 넓은 중앙통로 가운데 긴 직사각형의 형태로 내부 공간을 좌우로 나누는 역할을 하고 있다. 이 수공간은 12사도들을 상징하는 12개의 분수를 수공간 내에 일렬로 배치하였으며, 수공간 내에는 작은 수초와 분수, 시원한 물로 인해 엄숙한 공간에서 보다 밝고 즐거운 마음을 갖게 한다. 분수들은 예배를 시작할 때 입당 행진의 음악과 함께 작동하기 시작하여 목사가 예배를 인도할 때 작동을 멈추어 예배의 극적인 효과를 연출한다. 내부 공간의 수공간은 물 자체가 상징성을 가지며 공간을 분리하는 역할을 한다.

외부 수공간은 둥근 형태로 작은 모서리 부분의 건물 외부와 인접해 있다. 예배순서가 끝나면 강단과 외부 주차장을 시각적으로 연결한 거대한 유리 Cape Kennedy Door가 열리고, 유리문 주위의 수공간에서 뿜어져 올라오는 분수의 힘찬 모습은 회중들에게 예배의 기쁨과 감격을 상징적으로 지속시킨다. 그리고 동측 모서리 부분에 있는 둥근 형태의 수공간은 투명한 외부 입면을 비추고 있다. 외부 수공간 분수의 힘찬 모습은 회중들에게 예배의 기쁨과 감격을 상징적으로 지속시키며 건물의 외관을 비추어 조형성을 창조한다.

옛날 예배당 건물 주위로 분수형태의 수공간이 자리하고 있어 교인들에게 심리적으로 자신감과 긍정적인 자세를 갖게 한다. 그리고 이 옛 건물과 수공간의 모습이 유리벽에 반사되어 교회에 활기를 불어넣어 준다.

이 교회의 내부는 쾌적하고 조용하면서도 물속에 있는 듯한 분위기 un-

수초와 분수로 된 투명한 수공간

종교건축과 수공간

derwater effects를 연출한다. 재료의 물성이 지닌 투명성으로 건물에 강한 메시지를 담고 있으며, 자연에 대한 경험과 함께 종교적 체험으로까지 연결될 수 있도록 의도하였다. 유리 외피는 기존의 종교건축에서 볼 수 없는 독특한 모습을 보여주고 있어 이 지역의 랜드마크적 기능을 하고 있다. 교회 명칭에서 보듯이 지역사회를 섬기는 교회를 표방하고 있다.

내부와 외부의 수공간은 기쁨과 즐거움을 주는 장치로서 환상적인 공간효과를 주며, 새로운 종교공간을 연출하는 데 일조하고 있다. 또한 내부 수공간의 수초와 분수, 케이프 케네디 문을 통해 볼 수 있는 외부의 수공간분수은 장소성을 강하게 느끼게 한다.

종교건축에서 수공간이 성스럽고 거룩한 상징적 기능을 더 큰 의미로 여겨왔다면, 예배 후 문이 열리면서 솟아오르는 분수는 참여한 회중들에게 기쁨의 느낌이 되어 서로 교제하며 예배를 통한 감격의 순간을 간직하게 한다. 이 교회의 수공간은 적극적이며 환영의 자세가 넘치는 세레모니적 성격이 강하여 기존의 관념을 뛰어넘는 새로운 의미의 수공간이라 할 수 있다.

예배당 내부 공간은 건물 전체가 반사유리로 덮여 있어 그 시간의 모든 빛을 담아 빛이 충만한 교회를 연출한다. 유리로 투과된 빛으로 인해 마치 물속 같이 조용한 분위기를 만든다. 빛이 가득한 내부 공간은 중앙의 긴 수공간이 만들어내는 백색 소음과 함께 공간을 체험하는 중요한 요소다.

건물의 삼각형 모서리 부분에 위치한 투명한 성질의 수공간두 곳은 건물의 외부 모습을 그대로 반사하고 있다. 물에 비친 외부 모습에 의해 시간의 흐름을 알게 하며, 시간의 연속적 흐름은 특별한 체험의 장을 이루는 기반이 되고 있다.

벽의 일부가 오픈되면서 분수가 솟구쳐 오르는 모습
날카로운 외관과 전면 수공간

종교건축과 수공간

방향성이 있는 분수공간과 가벽

종교건축과 수공간

성 피터 교회

휴 스터빈스가 1988년에 설계한 성 피터 교회는 맨해튼 렉싱턴 에버뉴Lexington Ave.와 54번가54th street 교차로에 위치하고 있으며, 현대도시 내의 예배와 공공 서비스를 담당하는 멋진 전통을 유지하고 있는 도시 교회이다. 이 교회는 시티콥citycorp 센터에 위치하고 있다는 점이 그 독특함을 배가 시키고 있다. 시티콥과의 계약협정에 따라 교회는 본질적으로 '머리 위의 하늘 외에는 그 어떤 것도 없는' 그 자체의 독립구조로 서 있는 건물free-standing building로 보장받게 되었다.

교회의 출입은 두 곳으로 할 수 있다. 렉싱턴 에버뉴에서 사무실용 건물 입구 통로와 나란하게 나 있는 입구로 교차로 지점에 위치한 거대한 수공간의 선큰가든을 통해 예배실로 곧바로 진입할 수 있다. 지상에서 진입하는 입구홀은 예배실을 지나면서 지하의 예배공간으로 이어지고, 채광이

공중권 양도로 하늘을 확보한 성 피터 교회 전경 (St. Peter's Church)

들어오는 예배실과 다시 본당홀의 나르텍스^{narthex}로 이어지는데, 여기서 넓은 계단으로 아래 예배실로 내려간다.

예배실의 중앙홀은 광장과 넓고 편안한 접대실 및 직원 사무실과 연결되어 있다. 예배실 내부 는 흰색 페인트로 마감된 25.5m 높이의 벽으로 둘러져 있으며, 각이 진 주요 천장부분에는 자연목으로 마감되었다. 내부 공간은 음악, 춤, 설교, 시낭송 등을 통해 예배를 최대한 다양하게 표현하기 위해 유연성 있는 공간으로 계획되어져 있다. 스터빈스는 지면에서 한 단계 낮은 지하공간에 예배실을 두었는데, 그곳은 보행자 도로 아랫부분을 확장시킴으로써 추가적인 공간을 얻을 수 있었다. 기본적으로는 입방체인 교회를 강한 조각적 인상을 주기 위해 칼로 자른 모양이 되었다.

수공간의 특성

수공간은 교회 내부의 예배실 입구 계단부분과 지하정원으로 들어가는 모서리에 각각 위치하고 있다.

선큰가든의 수공간은 교차로 모서리에 거친 자갈로 마감한 기하학적인 형태의 폭포이며, 도심의 소음을 상쇄하는 물소리를 내면서 도시민들을 선큰가든의 플라자로 자연스럽게 안내하고 있다. 이 정원을 통해 곧바로 예배실로 출입할 수 있다. 볼륨 있는 높이가 서로 다른 5개의 돌기둥에서 단차를 두고 떨어지는 폭포는 그 돌기둥을 감싸며, 캐스케이드 형태로 흘러내리는 물과 함께 엄청난 백색 소음을 발생시킨다. 선큰가든의 수공간은 형태와 물소리로 사람들의 초점을 의식적으로 한곳에 모은다. 외부 수공간은 공간을 연결하는 성질을 가지고 있으며, 물을 한정하는 형태가 강한 상징성을 가진다.

이와 같은 특성은 미국의 수도 워싱턴에 있는 아이 엠 페이I.M.Pei의 내셔널 갤러리 오브 아트National Gallery of Art의 수공간과 비슷하다. 이곳에서 물은 지상에서 비스듬히 지하 카페테리아로 계단식 폭포로 흘러내린다. 지하에서는 유리로 막아 물이 실내로 들어오진 않지만, 물과 함께 자연채광이 실내까지 들어오는 감성적 공간을 연출하고 있다.

예배실 내부의 수공간은 선큰가든과 평면상으로는 비슷한 형태다. 이 수공간은 계단 모서리의 4번째 계단부터 바닥까지를 정사각형으로 조성하였다. 물속에는 계단을 그대로 두어 연속성을 유지하면서 약간의 단차를 둔 부분으로 물이 넘쳐흐르게 하고 있다. 그리고 세례반으로 사용되며 존재 자체가 상징성을 가진다. 이 수공간은 아주 정적이며 조용하다. 바라보는 각도에 따라 교회의 내부 공간을 비추어 새로운 이미지를 연출한다.

종교건축과 수공간

큰 물소리와 함께 동선을 유도하는 선큰 수공간

내셔널 갤러리 오브 아트 조각공원의 수공간, 1978 (IM Pei, National Gallery of Art, Washington D.C., USA)
자연광과 함께 백색 수포를 형성하여 또 다른 하나의 작품을 만드는 수공간

종교건축과 수공간

성 피터 교회에서는 종교적 경험이 객관적일 뿐만 아니라 개인적이기 때문에 교회의 상징성은 획기적이고 단언적이다. 강한 화강암 형태의 교회는 뉴욕의 기초가 되고 있는 바위를 연상시킨다. 또한 세례용 수반으로도 사용되는 수공간은 독특한 위치, 움직임이 있는 물이지만 잔잔한 수면과 물소리와 함께 끊임없이 하나님의 은혜로 죄 씻음 받은 우리 자신의 세례를 재확인시키고 있다. 이 교회에서의 수공간의 기능은 교회라는 장소특성에 부합되는 상징적 요소이며, 회중들에게 정숙한 분위기를 느끼게 한다. 그리고 공간의 중심성을 느끼게 한다.

시티콥 센터 내 선큰가든의 수공간은 동적이며 활기찬 느낌을 준다. 이렇게 힘차게 흐르는 물은 자연적 요소로서 일상에 지친 직장인들과 도시인들에게 마음의 평안과 휴식을 주며 성 피터 교회로 동선을 자연스럽게 유도한다. 이러한 수공간은 시티콥 센터와 성 피터 교회가 뉴욕의 랜드마크가 되게 하는 강한 장소성을 느끼게 한다.

지하에 위치한 예배실은 강단 위 창문과 지붕의 날카로운 천창을 통해 자연광을 예배실 깊숙이 받아들이고 있으며, 이러한 빛은 천장으로부터 늘어뜨린 컬러풀한 배너 장식물을 비추고 있어 은은한 빛이 내부에 충만하다. 성도들은 계단을 오르내리면서 천창을 통해 유입되는 빛을 통해 우주의 질서와 재생의 요람인 예배실로 초대되고 있다.

이 교회는 지역사회를 향해 열려 있으며 예측할 수 없는 혼란의 바다와 같은 세상에서 평온한 정박지 같은 이미지를 담고 있다.

자연채광의 예배실

종교건축과 수공간

04
물의 절

　　　　　안도 다다오가 디자인한 물의 절眞言宗本福寺 水御堂, Water Temple
은 일본 세토나이카이에 떠 있는 아와지 섬Awaji의 언덕 위에 있다. 물의 절
은 미즈미도mizumido라는 이름으로 증축된 본당이다. 하얀 모래를 밟으면서
언덕을 올라가면 기다란 벽이 가로막고 있다. 그 너머로는 오사카만의 푸
른 바다가 끝없이 펼쳐져 있다.

　　불교사원의 상징으로 여겨져 왔던 커다란 지붕이 아니라 수공간에는 생
명을 지닌 수련이 대신하고 있다. 수공간의 하부공간은 법당과 복도, 교우
실, 광정光井 등으로 구성되어 있다. 성스러운 세계로 이어지는 외길은 연
못 한가운데의 계단을 통해 아래로 발걸음을 옮기며 마침내 법당에 이르
게 한다.

연꽃이 핀 타원형의 물의 절 수공간

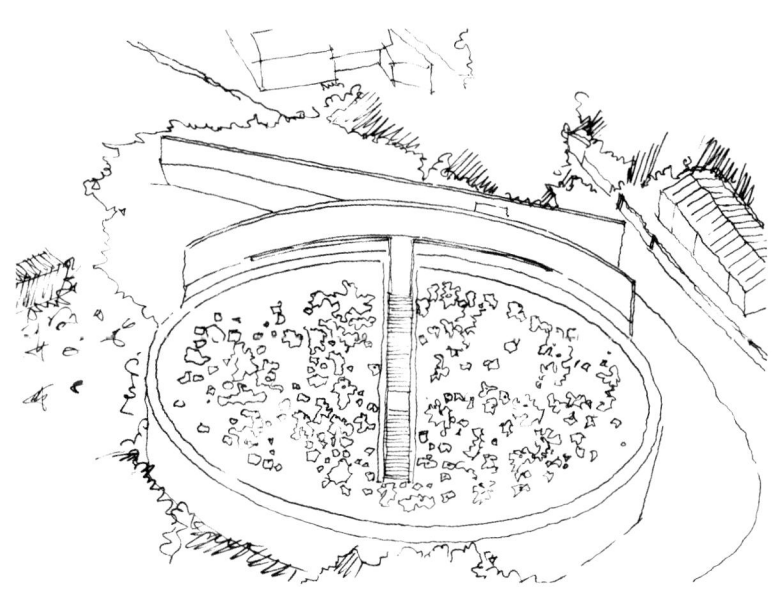

종교건축과 수공간

수공간의 특성

물의 절 수공간은 길이 40m, 폭 30m, 깊이 약 80㎝의 타원형 인공연못으로 약간 높은 언덕 위에 위치하고 있다. 이 절은 연꽃이 심긴 타원형 연못과 높이 3m의 둥근 가벽과 직선 벽으로 구성된 전형적인 미니멀리즘적 건물이다. 법당은 심연의 고독과 정막이라는 물속 공간 아래 위치하여 특별한 감흥을 유발한다. 원형의 연못을 건물의 지붕에 둠으로써 수면 아래 공간의 심리적 효과를 불교의 종교적 특성과 잘 조화시키고 있으며, 원형의 연못과 연꽃은 이 공간이 성스러운 공간임을 암시하고 있다. 연꽃은 더러운 물속에서 자라나 깨끗한 꽃을 피운다 하여 특히 불교에서는 청정함의 상징으로 극락세계를 이 꽃에 비유하기 때문이다. 여기서 나타나는 물과 벽은 중간 영역적 의미다. 자연요소의 도입과 정면성의 부정, 벽을 이용한 의도적인 차단을 통한 독특한 어프로치는 새로운 공간을 창조하고 있다.

이 절의 타원형 수공간은 형태 자체가 상징성을 가지고 있다. 수공간에는 일본 전통 정원의 재료인 물과 자갈, 수련연꽃 등을 사용하고 있으며, 물 위에 부유하는 연꽃의 꽃송이는 심미적인 의미를 지닌 종교적인 표현이다. 또한 불교에서 해탈과 극락을 상징하는 연꽃이 떠 있는 사원은 독특한 이미지를 연출하고 있다. 물과 연꽃 등을 이용한 유사한 사례로는 치바 시에 있는 아이비엠IBM 일본 마쿠하리 기술센터가 있다. 피터 워크, 윌리엄 존슨 파트너스에 의해 설계된 이 건물의 연못은 정방형의 수공간에 또 하나의 작은 정사각형의 섬이 가운데 위치해 있다. 햇빛이 가득한 연못의 연꽃과 이끼, 작은 섬의 자갈은 빛을 흡수하고 슬레이트와 녹색으로 채색된 콘크리트는 빛을 반사한다. 빛의 채널이 연못과 정원을 가로질러 야간에는 주변을 비추는 빛의 선을 그리고 있다. IBM 정원의 수공간은 일

IBM 마쿠하리 기술센터, 1991 (Peter Walker, William Johnson & Partners, IBM Japan Makuhari Technical Center, Chiba, Japan)
연꽃의 수공간을 가로지르는 Light Channel

종교건축과 수공간

본 정원의 전통적인 재료를 사용하고 있는데, 돌·물·대나무·버드나무·
이끼·자갈 등이다.

　지하의 법당은 폭 1.2m의 타원형 복도에 감싸져 있으며 삼나무 판벽은
주홍색이다. 어두운 타원의 복도를 따라 돌아가면 예상치 못한 공간과 마
주치게 된다. 주홍빛으로 칠해진 법당은 빛 우물light well을 통해 석양이 폭
3m의 사각형 격자 개구부로 흘러들어와 실내를 온통 타는 듯한 붉은 빛
으로 가득 차게 하며 빛의 신성함을 느끼게 하여 종교적인 효과를 극대
화한다.

　물의 절에서 벽은 수공간과 건축과의 관계를 극대화시킨다. 즉, 차단이
면서도 유입이고 인공이면서도 자연이며 인간의 의지를 거절하면서도 수
용하는, 이른바 애매한 성격을 보인다. 경사진 길을 오르면 노출콘크리트
로 된 직선의 벽은 세속과 성스러운 영역을 구분하며 출입구로 접근을 유
도한다. 직선의 벽을 통과 후 마주치는 매끄러운 곡선의 벽은 콘크리트로
마감된 보행로와 함께 본당 입구로 유도한다. 벽은 비로소 어프로치의 정
점인 수공간의 연못과 그 지하로 내려가는 계단으로 유도한다. 그리고 전
면에서 마주치는 직선의 벽과 곡선의 벽은 동선을 유도하는 장치이며, 궁
금함과 상상력을 자극하는 장치다.

　에블린 페레 크리스탱은 그의 저서 『벽 건축으로의 여행』에서 안도 다다
오의 노출콘크리트에 대해 다음과 이야기하였다.

　　"근대재료인 노출콘크리트를 사용하여 매우 진보적인 건축을 시도하였다.
　　그가 완성한 벽들은 매끈하고 정확하다. 또한 거푸집을 고정시키기 위해
　　만든 작은 구멍들에 의해 작은 점들이 고루 박히게 된다. 이제 콘크리트

빛의 유입구
법당 내부의 빛

종교건축과 수공간

는 귀족의 면모를 갖춘 돌로 다시 태어난다. 아주 가벼운 입자는 영롱한 광채를 띠고 있어 보는 이에게 감동을 주고, 중성의 회색은 모든 빛과 그 림자가 춤을 추게 만드는 흑과 백의 파동을 볼 수 있게 된다.”

또한 보행로와 인접시켜 신체적 접촉으로 지각되는 벽은 감각적이며, 극 적으로 수공간을 보여준다. 벽은 '풍경과 대립하고 풍경을 분단하며 잘라 내고 폭력적으로 변용시키고 있으며, 한편으로는 풍경과 서로 조화하고 벽 에 투영된 나무 그림자는 이미 건축화의 징조를 내포하기 시작하는' 벽으 로 나타난다. 이미 외부와 내부를 분별하는 일반적 속성보다는 하나의 기 둥이 풍경 속에 삽입되는 순간, 기둥은 풍경을 이미 분절하기 시작하듯이 자연풍경을 단절한다. 이는 물론 최대한 자연요소를 흡수하기 위한 가장 간결한 형태와 재료 등 인공적 요소의 최소화와 연계되어 있다.

벽이 물리적인 경계로서의 애매한 중간영역이라면 물과 수공간은 심적 중간영역이다. 벽에 의한 일차 분리와 중간영역의 형성은 물 혹은 수공간 을 거쳐 자연에 이르는 원초적인 개념체로 승화되고 있다. 이는 곧 벽의 일 차적 단절로 형성된 중간영역이 물과 결합되어 물水–마음心–생명이라는 관 계를 성립시키고 있다.

벽과 수공간의 관계는 다른 면에서 보면 물이 지니는 수평성과 벽이 지 니는 수직성이 서로 융화하는 과정이다. 그 결과, 단절과 융화하는 가벽 과 적극적으로 건물 내부에까지 도입된 수공간은 인공적 구조물이 지니는 반자연적 요소를 정화하고 중재하면서 기존의 대웅전의 이미지를 부정하 고 수면에 깔려 있는 지하 본당이라는 새로운 형태의 불당을 창조한 작품 의 역발상적 개념과 함께 자연과 어우러진 독특한 개념의 사원건축을 구

물밑 내부 공간으로 진입하는 계단

성하고 있다.

　이 절에서 벽은 인공물로 처리된 지하 본당부분을 있는 그대로의 자연적 지상과 중재하는 수공간의 이차적 역할이 연속적으로 이루어지고 있음을 나타내고 있다. 연꽃이 있는 수공간은 연꽃이 피고 짐에 따라 계절감과 시간성을 느끼게 하며, 극락세례를 상징하는 물에 핀 연꽃은 시간성과 함께 강한 장소성과 '상상력의 자유로운 몽상'을 느끼게 한다.

빛으로 충만한 지하 복도공간

수공간과 곡선의 가벽   인위적 요소와 자연적 요소의 조화
곡선의 가벽에 접한 보행로   직선의 가벽과 출입구

성 이그나티우스 채플

성 이그나티우스 채플Chapel of St. Ignatius은 1997년 미국 시애틀 대학 캠퍼스 안에 건립되었다. 건축가 스티븐 홀이 디자인한 이 채플은 건축의 형태와 공간 디자인에서 인간의 감성을 표현하고, 예배의 신비를 빛을 통해 공간적으로 표현한 아름다운 예배당으로 평가된다. 이 건축물은 대지와 건축의 통합과 공간 안에서 빛의 다양한 효과를 추구한 대표적인 사례다.

채플의 설계와 시공은 처음부터 사용자인 학생들의 영적 건강에 초점을 맞추어 진행되었으며, 학생들은 설계과정에 비중있게 참여하였다. 그 결과, 과거에 뿌리를 가지고 미래를 내다보는 디자인이 되었다.

스티븐 홀은 채플의 건물을 남, 북으로 좁고 긴 부지의 북측 끝에 배치하였고, 남측의 도로와 건물 사이에 남은 넓은 공지에 진입로를 따라 길게

성 이그나티우스 채플 전경

종교건축과 수공간

녹색의 잔디밭과 낮은 연못을 배치하였다. 이 녹색의 잔디밭은 학생들의 쉼터로 개방된 캠퍼스의 오픈 스페이스다. 출입문은 크고 작은 두 개의 문으로 이루어졌다. 이 출입문을 통해 안으로 들어서면 정면으로 예배당 입구까지 긴 통로와 그 우측으로 아이콘을 설치한 벽과 넓은 현관홀이 나타난다. 이 통로와 홀은 공간적으로 하나이지만, 진입통로를 명확히 구별시키기 위해 난간과 경사로가 설치되었다.

내부 공간은 나르텍스와 성찬 예배실, 성직자실, 고백실 등으로 구성되어 있다. 채플의 예배실은 여러 개의 분절된 매스들로 이루어진 집합체이며, 모든 벽체는 적절히 분할하여 공장에서 만든 콘크리트 판넬을 현장에서 세워 조립하는 공법으로 만들어졌다. 그리고 그 위에 서로 다른 방향으로 곡면을 이룬 지붕들이 덮여 있고 그 아래에 광창光窓들이 설치되어 있다.

수공간의 특성

잔디밭과 건물 사이에 직사각형 형태의 수공간이 있다. 이 넓은 연못 안에는 인근 산에서 운반해온 작은 바위와 야생풀을 담은 박스 하나를 두었다. 이 두 개의 점이 넓은 수평면 위에 비친 건물의 모습과 함께 이곳을 사색의 공간으로 만든다. 이것은 우리나라의 전통 조경수법에서 연못 안에 작은 섬을 만드는 것을 연상시키는 부분이며, 수공간을 강조하는 요소다.

또한 교회를 상징하는 십자가 종탑을 특별하게 고안하여 건물에서 떨어진 잔디밭과 연못 사이의 모서리에 세워 채플의 형태와 어우러지도록 하였다. 이 교회의 물은 존재 자체가 상징성을 가지며, 수공간에 반사된 종탑으로 인해 연못과 잔디밭을 포함한 대지 전체가 확장된 하나의 건축으

종탑과 섬모양의 수초가 물에 비친 모습

종교건축과 수공간

로 연결, 통합된다.

채플의 경사진 입구 통로 왼쪽 벽에는 의도된 불규칙한 4개의 창문들이 있고 크기가 다른 타원형의 작은 개구부 7개가 서로 다른 각도로 있어 자연광을 내부로 유입시킨다. 이 통로의 끝인 예배실의 입구 앞에는 세례반이 하나의 오브제로 놓여 있다. 이 세례반은 사각의 받침대 위에 반구형의 수반을 올려놓은 모양인데, 출입문과 제단, 십자가 등에 사용된 것과 같은 종류의 목재와 같은 수법으로 만들어졌다.

이 채플의 예배공간에 유입되는 스티븐 홀의 빛은 특이하다. 즉, 광창을 통해 들어온 빛은 실내에 직접 들어오지 못한다. 소위 '빛의 차단장치 baffle of light'라고 불리는 넓은 벽을 창 앞에 세워 직사광선을 차단해 놓았기 때문이다.

예배실은 빛으로 충만하여 신비감을 일으키며 공간을 빛으로 가득 채운다. 또한 낮의 태양광은 내부에서 이러한 현상적 영역으로 치환되면서 강렬한 변화의 흐름을 나타내는 반면, 밤이 되면 효과가 역전되어 각각의 색채를 발하는 창들은 일정한 빛으로 캠퍼스를 비추는 등대가 되며 앞의 수공간을 통해 침묵의 반사를 한다. 스티븐 홀의 초기개념의 다이어그램에서는 빛의 병 7개가 하나의 돌 상자에 포함되어 있다. 하지만 실제 완성된 건물에는 빛의 병이 6개 만 존재한다. 왜냐하면, 일곱 번째 빛의 병은 밤에 내부의 빛이 투사되어 굴절되는 종탑과 연못이기 때문이다.

그리고 입면에 도입된 다양한 개구부와 창들은 태양의 변화에 따라 시시각각 서로 다른 성질의 빛을 내부에 끌어들임으로써 자연과 빛의 현상적 경험을 강화하는 장치다. 수공간은 빛과 색채로 가득찬 채플의 외관을 비추며, 물에 비친 그림자는 새로운 이미지를 연출하고 밤의 시간성을

예배당 내부 진입통로에 위치한 세례반

종교건축과 수공간

나타내고 있다.

　이러한 건축적 수법은 일주문에서 금강문, 천왕문 등을 통과하며 긴 통로를 지나 대불전 앞마당으로 들어서는 우리의 전통적 종교공간에서도 나타난다. 이와 같은 특성은 화엄사의 보제루 옆을 돌아 나타나는 각황전과 대웅전, 해인사의 구광루 밑을 거쳐 오르면 나타나는 대적광전, 부석사의 범종루 또는 안양루 밑을 통과하면 나타나는 무량수전의 모습 등에서 찾아볼 수 있다. 다만, 이 채플에서의 과정공간이 인공적·직선적 공간이라면, 한국 전통사찰에서는 자연적이며 꺾인 공간들이다.

　이 교회에서 건물보다 높은 종탑은 종교공간임을 강조하고 있으며 물에 비친 종탑과 주변 자연에 의해 강한 장소성과 시간성을 느끼게 한다. 또한 야간에는 창을 통해 외부로 발산된 빛에 의해 아름다운 조형성을 창조하며, 시간의 변화도 느낄 수 있다. 잔디밭과 연못을 따라 직선으로 난 긴 진입로는 채플의 출입문을 통과하여 내부의 통로를 거쳐 예배실 입구까지 연속적으로 이어져, 예배의 준비과정 공간으로 설정되었다. 공간적으로는 이곳이 과정공간으로부터 목적공간으로 진입하기 위해 중요한 지점이다.

신비한 빛과 색으로 가득한 예배실

06
종교건축의 수공간 분석

　　　　　　　　　　　　종교건축에
나타난 물의 체험적 특성은 수공간의 위치와 특성
에 따라 다양하게 나타났다. 성 이그나티우스 채
플, 성 피터 교회에서의 물수공간은 내부로 진입하
기 이전의 전이적 요소이며 내부로 동선을 유도한
다. 그리고 물의 절, 성 이그나티우스 채플에서 물
은 시간의 변화와 흐름을 느끼게 하며 장소성을 강
화시켜 주는 요소다. 가든 그로브 커뮤니티 교회
와 성 피터 교회에서는 내부와 외부 모두에 수공
간이 있으며 이곳에서 물은 시각적·청각적으로 체
험하게 한다.

침묵의 반사, 제주 방주교회, 이타미 준, 2009

종교건축과 수공간

종교공간의 물은 침묵과 묵상의 공간을 표현하며, 깨달음과 마음의 정화를 상징하며, 세상과 구별된 영역을 상징한다. 또한 물은 건물과 주변 환경을 비추는 거울로서 시간의 층을 기억하는 장치이며, 새로운 외부 형태를 창조한다. 그리고 자연적 요소이며, 물에 비친 모습에 의해 시간성과 장소성을 강하게 나타낸다.

종교건축에서 빛은 내부 공간에 다양한 색채감을 부여하여 영감 있는 신비스러운 분위기로 만들며, 빛의 유입으로 내부 공간에서 시간의 변화를 인식하게 한다. 물의 절에서 빛은 공간 내부에 색채감을 부여하고 종교적인 분위기를 한층 고조시킨다. 그리고 성 피터 교회에서 빛은 천장에 부착된 배너의 색상에 의해 색다른 분위기를 연출한다. 그러나 가든 그로브 커뮤니티 교회에서 빛은 다른 종교시설과 달리 하고 밝고 깨끗한 분위기와 환희의 순간을 연출하고 있다. MIT 채플에서는 빛의 유입으로 시간의 흐름을 인식시키고, 제단부분은 중심적인 공간이 된다. 성 이그나티우스 채플에서는 빛의 차단장치에 의해 반사되는 빛으로 인해 새로운 형태 이미지를 만들어낸다.

종교건축에서 물은 담수가 대부분이며, 대체적으로 수질은 양호하였다. 가든 그로브 커뮤니티 교회와 성 이그나티우스 채플에서는 각각 수초, 야생풀과 바위를 수공간 내에 두어 자연적 요소와 함께 수공간을 구성하였고, 물을 한정하는 공간의 형태는 대부분이 기하학적인 형태다.

Water Fountain at Cathedral of Our Lady of the Angels, 2002 (Rafael Moneo, LA, USA)
Mormon Church Temple, 1893 (Salt Lake City, UT, USA)

종교건축과 수공간

전시관건축과 [수] 공간

01

킴벨 미술관

　　　　　　　킴벨 미술관Kimbell Art Museum은 루이스 칸의 후기작
품 중의 하나다. 포트워스 지방의 사업가인 킴벨이 기증한 작품을 계기로
만들어진 미술관은 빛과 공간이 극적으로 표현된 세계적인 건축물이다.
칸의 건축적 정수로서 건축이 본질적으로 고요하고 과묵한 실체로서 존
재한다는 그의 작품세계를 대표하며, 빛에 대한 신비스러운 감흥을 불러
일으키는 공간이다.

　　약 9에이커의 완만한 경사면의 대지로 인해 건물의 진입은 입체적으로
두 곳에서 이루어진다. 그 하나는 서측 언덕을 이용한 보행자 전용출입구
이고, 다른 하나는 동측의 제일 낮은 부분으로 도로의 아래층에서 직접
진입할 수 있다. 서측 경사면의 약간 높고 평평한 부분에는 필립 존슨이 설
계한 에이몬 카터 미술관과 연계되어 정연한 식재의 주진입부가 중앙으로

주변 현황과 둥근 지붕의 미술관 전경

끌려들어간 여유 공간을 통해 주 전시 홀과 연결되며 정면입구에 투명성을 주어 여유 공간과 개방적으로 연속시키고 있다.

이 미술관은 텍사스의 곡물창고 형태인 배럴 볼트barrel vault 형식이 반복되는 단순한 형태의 건물이다. 평면의 구성은 16개의 긴 타원형 볼트 지붕 구조6.5m×30m로 이룬 단위평면이 3개의 구획으로 나뉘어져 있으며, 중앙 홀 양측에 6개씩, 중앙에 4개로 구성되어 있다. 서측은 중앙으로 끌려 들어간 정면 입구를 전면유리, 양 옆의 포치로 인하여 수공간과 공원에 개방적으로 연속시키고 있으며 외관은 전체가 벽으로 막혀 있다. 볼트 지붕을 가진 전시공간에는 세 곳의 중정을 두어 오픈 스페이스를 확보하고 있다. 크기가 다른 이 세 개의 중정은 관리자를 위한 중정, 분수가 있는 중정, 조각이 있는 중정이다.

내부에 연속된 배럴 볼트의 구조는 기존의 것과 다르게 볼트의 정수리 부분을 오픈하여 빛을 내부로 유입하고 있다. 이 빛을 곡선모양의 금속판에 반사시켜 노출콘크리트의 천장을 비추어 전시공간에 자연조명을 디자인하였을 뿐 아니라 콘트리트의 물성을 극대화시키고 있다.

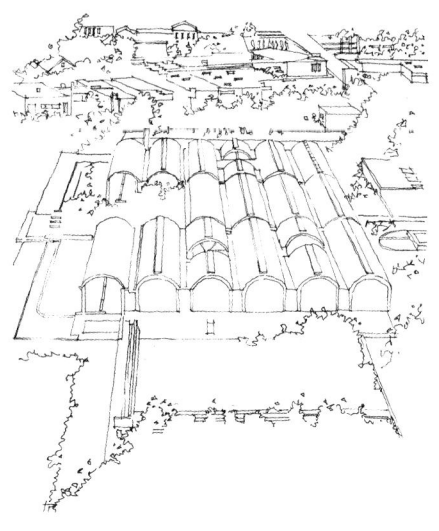

전시관건축과 수공간

수공간의 특성

이 미술관의 물은 건물 진입부의 네이프^{nappe} 형태와 내부 안뜰에 위치하는 그로토스^{grottos}와 유사한 형태의 물이다. 건물의 진입부에 있는 수공간은 전면에 밀착한 전형적인 사례이며, 수평의 층에서 한 단 밀려나 있는 유동적인 물이다. 진입부 양측의 포치는 마치 거리의 아케이드를 제공하는 느낌이다. 벽면의 트래버틴 마감이 주는 차가운 질감과 천장의 노출콘크리트의 시원한 느낌은 텍사스의 따가운 햇볕을 막아주는 그늘을 제공하고 있다.

외부로부터의 진입에서 배타적이었던 동편 출입구와 달리 내부로부터 더 가까이서 물을 체험할 수 있는 기회를 제공하기 위해 칸은 전면의 물과 실내 공간을 바로 연결되지 않고 그 사이에 완전한 실내가 아닌 전이공간을 두고 있다. 양측 포치 전면에는 물을 담아 흘러내리게 하는 배럴 볼트 크기의 수공간과 이 물을 한 번 더 담는 장방형의 수공간이 있다. 그리고 관람객들을 멈추어 쉬게 하고, 주변 환경을 담고 있는 수면을 바라보게 하는 장치인 긴 트래버틴 벤치가 양면에 설치되어 있다. 포치 쪽에 상당량의 물이 고여서 흐르고 있으며 이 수공간은 자연과 연결하는 관계적 요소다. 물을 한정하는 형태가 상징적 이미지를 가지며 비쳐지는 성질로 인해 새로운 느낌을 연출한다. 그리고 안뜰의 수공간은 물 자체가 상징성을 가지며 공간의 초점이 되고 있다.

보행자 어프로치는 경사진 지형조건을 적극 이용하여 완만한 계단과 포티코로 유도되어 수공간과 외부 공간의 다양한 체험을 확대하고 있다. 또한 이 수공간은 미술관 전면의 나무숲과 잔디밭의 자연적인 환경과 노출콘크리트와 트래버틴의 재질로 지어진 인공 구조물 사이의 충돌을 완화

전면 오른쪽에서 본 수공간

전시관건축과 수공간

시키는 완충공간의 작용을 하고 있다. 이러한 현상은 자연적 요소인 물을 통해 양측의 서로 다른 성격을 한곳에 담아 떨어지게 하는 일체감을 갖게 한다. 따라서 물에 반사되는 미술관의 이미지는 언제나 가늘게 흔들려 움직이는 파사드를 만든다.

수공간은 미술관 입구 포치와 중앙부의 나무와 함께 자연나무. 잔디과 유기적으로 연결시키고 있다. 이와 같은 특성은 초기 계획안에서도 확인할 수 있다.

그리고 중정안뜰은 전시공간에 오픈 스페이스와 자연광을 부여하며 조각상과 함께 마치 조각물 같은 수공간이 좁은 공간을 채우고 있다. 트래버틴으로 만든 단 위에 검은 조각상이 위치해 있고, 그 아래 부분으로 좁은 수로를 통해 물이 수반에 떨어지게 하였다. 실내의 간접자연광과 비교해 좁은 공간이지만 자연광을 그대로 받아들이며, 트래버틴 수로의 낙수소리가 조그마한 조각상과 함께 자연그대로 느끼도록 구성하였다. 미술관 세 곳의 중정은 인접공간을 밝게 만들어 관람객들에게 쾌적한 빛을 제공하여 빛과 공간의 조화를 체험하도록 유도하고 있다.

수공간을 바라보게 하는 장치인 진입 포치

전시관건축과 수공간

미술관 관람을 마치고 나오는 사람들에게 수공간을 입체적으로 체험할 수 있도록 한 세심한 의도를 느낄 수 있다. 무더운 기후 가운데 넓은 수면을 통과하는 동안 차가워진 바람과 낙수소리는 주변 환경을 담는 잔잔한 수면과 더불어 주위를 조망하게 하여 미술관 고유의 장소성을 강하게 심어주고 있다.

안뜰의 조각과 수공간
볼트 천장을 통해 빛을 유입한 내부 전시공간

메트로폴리탄 박물관

메트로폴리탄 박물관Metropolitan Museum of Art은 뉴욕의 가장 세련된 거리로 이름난 제5번가fifth ave.의 동쪽에 위치하고 있다. 케빈 로치와 존 딘켈루가 설계하였으며, 총면적 13만㎡에 330만 점 이상의 방대한 소장품을 보관, 전시하고 있는 세계적인 박물관이다.

고전양식의 이 박물관은 유럽의 대 미술관과 비교할 때 역사는 짧지만 그 동안의 기증품, 구입품, 탐험에 의한 발굴품 등 학문적으로 귀중한 소장품을 보관하고 있다.

1869년 박물관을 이 위치에 건립하기로 결정한 이후, 미국의 대표적인 건축가, 건축회사들이 총망라되어 차례로 참여하면서 눈부신 발전을 거두게 되었다. 전체 건물이 여러 번 개축과 증축을 거듭하여 현재의 모습으로

석재로 된 신고전주의 양식의 건물 전면

전시관건축과 수공간

마무리된 것은 1995년 이집트의 덴더 신전temple of Dendur을 미술관 내부에 포함시킨 때다. 메트로폴리탄 박물관은 소장품 수집의 증가와 기구의 확대로 인해 건물의 증축이 반복되었다. 이 건물의 전면facade이 보자르beaux-arts식의 신고전주의neo classicism 양식으로 결정된 것은 헌트Richard Morris Hunt의 설계에 의한 것이다. 박물관은 미국관과 중국관, 일본관, 이집트관, 한국관을 비롯해 각종 전시공간과 서점 등 17개 부문으로 구성되어 있다.

수공간의 특성

수공간은 외부와 내부의 덴더 신전에 위치하고 있다. 박물관 전면 맨해튼 5번가에 면한 수공간은 주 출입구를 중심으로 좌·우 두 개로 나누어져 있으며 장방형으로 모서리가 둥근 형태다. 이 수공간은 박물관 전면 계단과 함께 보행자와 관람객을 머물게 하며, 만남과 대화, 퍼포먼스를 통해 교류가 형성되는 사회적인 의미를 지닌 광장과 같은 공적인 공간이며 커뮤니티 공간이다.

　시원하게 치솟는 분수는 분주한 도심 속 시민들의 발걸음을 멈추게 하고 짧은 쉼을 주는 청량제 역할을 하며 자연스럽게 관람객들을 박물관 내부로 유도한다. 또한 방대한 박물관과 전시물을 관람한 지친 방문객들을 시각적이며 청각적으로 편안한 휴식을 제공한다. 웅장한 신고전주의 양식의 박물관 전면의 계단공간과 양쪽으로 위치해 있는 수공간은 상징적인 장소성을 갖게 한다.

　이집트관은 많은 사람들의 발길이 끊이지 않는 곳으로, 여기

경쾌하게 솟아오르는 분수

전시관건축과 수공간

대칭을 이루는 정적인 물

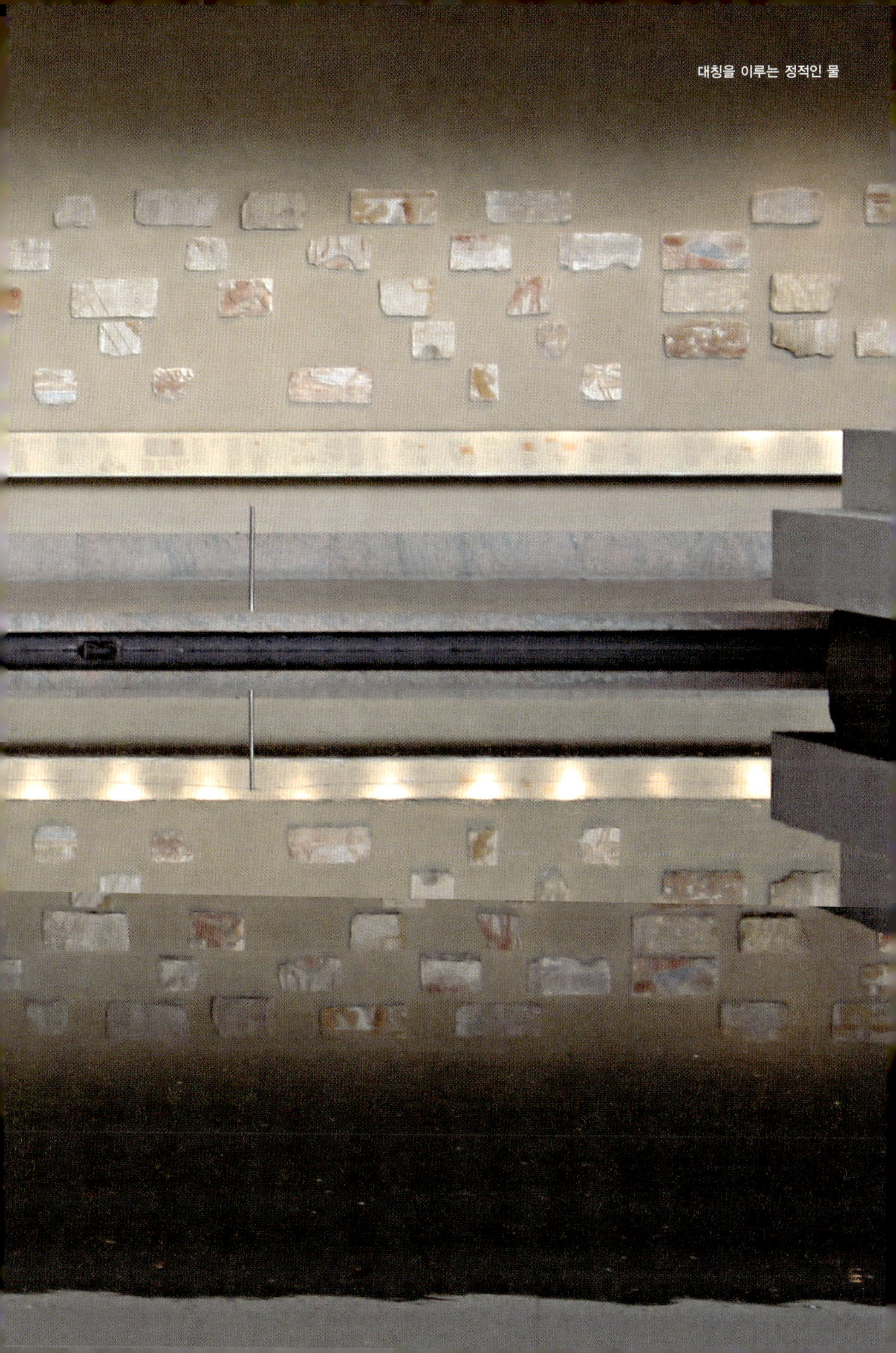

에 덴더 신전을 설치하였다. 고대신전의 외부를 그대로 재현한 이곳은 넓은 공간에 유리로 된 벽과 천장을 통해 자연광이 내부에 가득하게 되어 실외에 세워진 것처럼 착각을 불러일으키게 한다. 이곳에서의 수공간은 ㄷ자 형태로 신전을 감싸고 있다. 전면의 수공간은 폭이 넓지만 양쪽 면의 수공간은 폭이 좁고 수로형태로 디자인되어 있다.

덴더 신전의 수공간은 바닥이 검은 대리석으로 마감되어 깊이감과 시간의 영원성을 나타내고 있으며, 60㎝ 정도 깊이의 물은 고요하게 고여 있어 전시된 오래된 건축물과 유물들을 고스란히 담아내어 관람객들을 오래된 시간 속으로 집중시키는 장치로서 기능을 감당하고 있다. 이 수공간은 물을 한정하는 형태가 상징성을 가지며, 커튼 월에 투사된 외부 자연환경을 비춰 새로운 조형성을 연출하고 있다.

덴더 신전의 수공간은 비스듬한 유리벽면을 그대로 반사시킴으로 공간의 확장감을 더해 준다. 전면 개구부에 비친 빛은 신전공간과 수공간을 빛으로 가득 채우고 있어, 이 빛은 공간에 대한 빛임을 알 수 있다. 건축에서는 두 가지의 빛이 작용한다. 하나는 물체를 밝게 비추고 그림자를 만드는 것이며, 다른 하나는 빛이 공간을 가득 채우며 빛 그 자체로 나타나는 것이다. 전자가 물체에 대한 빛이라면 후자는 공간에 대한 빛이다. 이 공간에서 빛은 물을 강조하며, 수공간이 존재하고 있음을 인식시키고 있다.

투사된 외부 자연을 비추는 수공간
공간이 바닥에서 떠보이게 하는 수공간 기법
깊이감을 강조하는 수공간 기법

로스앤젤레스 현대미술관

로스앤젤레스 현대미술관

Museum of Contemporary Art, LA은 일본 건축가 아라타 이소자키Arata Isozaki가 미국에서 설계한 첫번째 작품으로, 로스앤젤레스 중심지의 벙커힐bunker hill section 내 캘리포니아 광장의 중앙에 있다. 1986년도 개관한 이 미술관은 현재 남쪽의 오피스 타워와 북쪽의 주거용 콘도미니엄, 서측의 그랜드 거리 Grand Avenue와 경계를 이루고 있다. 두 개의 동으로 이루어진 미술관은 붉은 인디언 사암으로 마감되어 그랜드 거리건너 대각선상에 위치해 있는 스테인레스 스틸 마감의 월트 디즈니 콘서트 홀Walt Disney Concert Hall과 형태와 조형적으로 많이 다름을 이야기하고 있다.

　　로스앤젤레스 현대미술관은 전시공간과 강당, 도서관, 카페, 서점, 그리고 예비공간 등으로 이루어졌다. 거리 면에서 보면 미술관은 양측으로 나

미술관 전경

전시관건축과 수공간

누어져 있으며, 조각정원은 뜰 아래의 출입구를 내려다보며, 서점 및 사무, 로비공간 등 다양한 시설의 중심이 되고 있다. 이 뜰은 관람객이 계단에서 출입구 뜰로 움직이며 전시관으로의 이동이 시작되는 곳이다.

선큰 출입구는 전시영역에서 최대의 천장높이를 자랑하는데, 많은 관람객들이 만나고 소통하는 중요한 장소의 역할을 한다. 출입구 뜰, 로비, 카페 등은 같은 재료로 마감되었고 화강암의 바닥, 벽은 흰색 크리스털 유리와 사암으로 처리하여 열리고 계속된 공간의 이미지를 창출하고 있다. 피라미드, 큐브, 화강암 반원형 볼트는 베이스판 위 붉은 인디안 사암에 얹혀 있다.

수공간의 특성

뜰과 수공간은 이 건물을 분리하는 동시에 통합하는 역할을 하고 있다. 조각마당과 전면 가로는 계단을 통해서 연결되며 그 후면에 수공간이 위치하고 있다.

수공간은 중심부의 분수jets d' eau를 기준으로 좌·우측에 배치되어 있다. 좌·우측의 수공간은 각 동의 건물과 같은 길이로 되어 있으며, 수공간은 가로바닥보다 높게 계획되어 보행자들이 잠시 쉬어 갈수 있는 공간을 제공해주고 있다. 뉴욕의 메트로폴리탄 박물관 입구의 수공간과 같은 배치형태를 갖고 있으며 사회적 교감을 나눌 수 있는 공공공간의 역할을 수행한다.

이 공간의 물은 아주 정적이며, 주변 수목과 고층건물을 그대로 비추어 담고 있다. 장방형의 긴 수공간은 방향성과 공간의 연결성을 가지며, 물 자체가 상징적이다.

주위 나무를 담고 있는 수공간
고층건물을 담고 있는 수공간

중심부의 분수는 낸시 루빈스Nancy Rubins의 조각작품과 함께 보행자들에게 휴식의 공간을 제공하고 있다. 중앙의 분수는 피라미드 형태의 조형물에서 물이 뿜겨져 나오는 분수로 경쾌하고 시원한 느낌을 주고 물소리는 미술관 앞 도로의 자동차 소음을 차단하여 지쳐 있는 도시인들에게 심리적으로 안식을 제공한다. 가로변에 위치한 이 수공간은 메트로폴리탄 박물관의 전면 수공간처럼 보행자들을 위한 휴식의 장소를 제공하는 공공적 성격을 지니며, 보행자들을 미술관으로 자연스럽게 유도하고 있다. 즉, 응집력을 가지고 사람들을 끌어들이기도 하고 전체 환경의 일부로 인식되기도 한다. 그리고 보다 활기 넘치는 도시공간을 연출하는 데 일조하고 있다.

분수와 조각작품

전시관건축과 수공간

04
넬슨 아트센터

넬슨 아트센터Nelson Fine Arts Center는 안토안 프레
독이 설계하였으며, 애리조나 주립대학교 내에 위치하고 있다. 어도비adobe
형태를 현대화시킨 꾸밈없는 단순한 매스들의 연결은 지역성인 사막건축
의 특성을 잘 나타내고 있다. 건물은 낮고 균질하며 타워와 산을 에워싸고
있는 형상과 같은 지붕면의 돌출된 형태들로 더욱 두드러지고 있다. 그리
고 이 건물은 풍부하고 다양한 공간, 빛, 형태를 갖춘 연구와 공연, 전시를
위한 공간들로 구성되어 있다.

넬슨 아트센터의 체험은 특정한 동선보다는 선택들과 잠재적 가능성에
초점이 맞춰져 있다. 이 아트센터는 서로 관련이 있는 공간들을 유기적으
로 연결시켜주는 일련의 시퀀스로 짜여 있기 때문이다. 내부 공간은 500
석 규모의 계단식 극장과 댄스홀, 교육공간, 보조기관들을 위한 구역으로

넬슨 아트센터의 입면 스케치

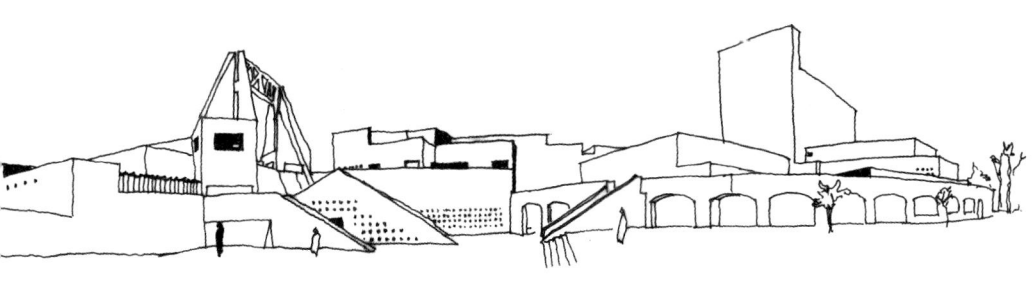

전시관건축과 수공간

되어 있다. 수직, 수평상으로 맞물려 열린 모체적 공간인 미술전시관은 이러한 진행을 확대시켜 조각물의 설치를 위한 외부 테라스까지 연결되어 있다. 관람객은 내부와 외부를 돌아보거나 실내에서 넓은 상층의 전시관을 가기 위해 조각 테라스를 사용하게 되는데, 테라스는 금속 격자 패턴 판이 만들어내는 음영이 사막지역의 강렬한 태양빛으로 인해 아주 선명하고 다채롭게 펼쳐진다. 상층의 전시관은 가장 높은 천장을 이루고 출입구 쪽으로 마치 두 팔을 벌리고 있는 듯하다.

수공간의 특성

수공간은 내부의 극장으로 이르는 과정에 총 네 곳에 있으며 형태는 원형과 사각형이다. 극장에 이르는 조용한 행사장 보행로는 극장 출입구 중정에서 절정을 이루는 수로를 따라서 야자수 뜰을 관통한다. 이 공간은 공연과 특별행사를 할 때의 휴게장소로 이용된다. 조각품 테라스와 마주보는 굴곡진 벽돌 아케이드와 수로는 물리적·시각적으로 중앙의 예술광장을 캠퍼스 중심부와 연결시킨다.

둥근 아케이드가 시작되는 중앙의 사각형의 연못과 아케이드가 끝나는 부분의 조그마한 원형의 연못이 있다. 그리고 서측 전시관 출입구 부분에 원형의 수공간이 있으며, 지하로 이어지는 계단을 통해 전시관 입구에 다다르면 장애인 엘리베이터 양 측면에 분수형태의 수공간이 있다.

둥근 벽돌 아케이드가 시작되는 부분의 사각형 수공간은 물리적·시각적으로 중앙의 예술광장을 캠퍼스 중심부와 연결시킨다. 극장 전면의 야자수 뜰에 있는 원형 수공간은 내부 공간으로 보행동선을 유도하며, 두 수공간은 공간의 성격을 전달하는 상징성을 가진다.

보행동선을 유도하는 붉은 벽돌 사이의 수공간
전시관 내부에서 바라본 출입구

전시관건축과 수공간

전시관 진입부 수공간에서부터 계단의 중앙을 거쳐 지하 박물관 입구의 엘리베이터 옆 수공간까지 수로로 연결되어 있다. 진입부의 둥근 수공간은 사막지역의 따가운 햇볕으로부터 청각적으로 시원함을 느끼게 하며, 계단을 통해 물소리를 들으며 지하 내부로 진입하게 한다. 그리고 넬슨 아트센터의 시작의 장소성을 강조하기 위한 상징성을 포함하고 있다. 단면상으로 보면 전시관 진입공간에서 지하계단을 통해 시원하고 서늘한 바람을 지하 미술관으로 끌어들이고 뜨거운 공기는 반대편 계단을 통해 내보내는 공기의 순환을 보여주고 있다. 지하의 분수는 조용한 공간에 청량감을 전해주는 물소리를 만들고 주위를 시원하게 하는 냉각효과를 제공하고 있다.

안토안 프레독은 변화와 구분의 영역을 창조했으며, 동시에 명상과 위안을 함께 던져준다. 넬슨 아트센터의 공간은 각각의 원형과 사각형이 만나고 중첩되는 부분에 수공간을 배치하여 사막에 조심스럽게 주어진 관심과 집중을 공간에서 공간으로 바꿔가면서 점차 명확하게 다가오게 하며 몸과 마음이 갖는 변화를 느끼게 한다. 극장 입구 중정의 사각형 연못은 빛을 반사하기도 한다. 물은 투명하여 건물의 일부를 비추는 거울과 같으며 시간의 변화를 느끼게 한다. 그리고 신체가 지각할 수 있는 공간체험의 장으로서 현상학적 인식을 갖게 한다.

금속 격자 테라스 통로
내부의 온도조절과 시원한 물소리를 제공하는 지하의 수공간

전시관건축과 수공간

히메지 문학관

히메지 문학관姬路文学館, Museum of Literature, Himeji은 히메지 성에서 약 500m 떨어진 숲의 언덕 위에 있다.

안도 다다오는 대지의 특징을 프로젝트의 시발점으로 삼았으며, 히메지 성과의 조화를 위해 지형학적인 관계를 반영하기를 원했다. 그 결과로 히메지 문학관은 히메지 시市의 독보적인 랜드마크인 히메지 성과 한 폭의 장면으로 남겨져 있다. 문학관에는 캐스케이드 형태의 계단식 인공폭포가 설치되어 경사로를 따라 관람객이 접근하는 과정에서 멀리 있는 히메지 성을 바라 볼 수 있게 하였다. 건축가의 대지의 맥락을 해석하는 능력의 탁월함을 엿볼 수 있는 작품이다.

이곳의 인공 수공간은 문학관 본관과 별관을 둘러싸고 있으며, 인공폭포와 경사로들이 건물 외부를 감싸고 있다. 건물의 형태는 두 개의 큐브

문학관 전경 스케치

전시관건축과 수공간

1. 외벽을 따라 진입과정에서 보는 히메지 성
2. 내려다본 경사로
3. 경사로에서 본 전망대
4. 경사로와 케스케이드

전시관건축과 수공간

가 방향성을 달리하며 30°의 각도로 서로 중첩되어 있으며, 그 중 한 육면체는 부분적으로 실린더와 같은 공간에 둘러쌓여 있다. 전시실이 있는 반경 20m의 원통형이 한 입방체를 에워싸면서 3층 규모의 아트리움을 형성한다. 이것은 역동적인 인상을 부여하면서 건물로의 진입을 더욱 강력하게 유도한다.

수공간의 특성

히메지 문학관의 수공간은 15개의 낮은 단으로 된 캐스케이드다. 경사로를 통한 진입 동선과는 반대로 물은 위에서부터 폭이 큰 단을 통해 아래로 아주 천천히, 조용하게 흘러내린다. 수공간은 부정형의 자유스러운 형태이며, 수공간 위의 다리는 건축물과 자연을 연결시킨다. 또한 수공간 위로 돌출된 전망 데크를 두어 관람객이 지나온 흔적과 넓게 펼쳐진 수공간과 주변 경관을 감상할 수 있게 한다. 이러한 장치는 자칫 지루하고 평범한 공간에 긴장과 기대를 부여하는 건축가 자신의 고유한 장치로서, 명화의 정원과 유메부타이夢舞台에서도 쉽게 찾아볼 수 있다.

수공간은 공간을 외부 자연으로 확장시키며, 지형을 이해하고 자연을 의식하여 인공적인 것과 자연적인 것의 융합을 시도한다. 즉, 주변 환경과의 조화로운 연계를 통해 지형에 순응하여 지형과 건축요소가 일체화되는 역할을 한다. 그리고 존재 자체로 상징성을 가진 물은 건축적 요소와 조화되고 있으며, 새로운 공간과 형태 이미지를 연출한다.

히메지 문학관에서는 대지의 특징을 최대한 이용하여 인공폭포를 조성하였다. 본관과 별관을 인공연못이 둘러싸고 있으며, 수공간을 비롯한 정원공간은 이러한 개별적인 모티프를 지닌 요소들을 하나로 묶고 있다. 그

전망대 테크에서 내려다 본 계단식 수공간과 경사로
유메부타이 전망대 데크, 2001 (Tadao Ando, Awaji Yumebutai International Conference Center, Hyogo, Japan)

리고 높은 전망 데크는 맥락적 요소를 반영한 것이며, 시원한 바람, 조망, 물 등을 즐기도록 만들어졌다.

　이 건물로 진입하기 위해서는 진입부에서부터 일련의 신체적 경험을 겪게 되는 과정적 공간을 거치게 된다. 문학관의 마당은 연못으로 이루어져 있어서 본관으로 향하는 언덕을 오르며 조금씩 보이는 건축물은 마치 연못 위에 떠 있는 것 같은 느낌을 준다. 조용한 산사山寺로 오르는 길과 같이 경사진 램프를 따라 올라 가면 왼편으로 흐르는 15계단의 인공 캐스케이드와 만나게 된다. 적절한 수량으로 계단식 수공간은 주위의 자연, 건물 그리고 하늘을 마음껏 담고 있다. 멀리 보이는 히메지 성의 아련한 윤곽과 왼편으로 흐르는 물소리가 어우러지는 전경은 현상학적인 이미지를 부여

하면서 관람자들이 숙연하고 정제된 마음을 갖도록 한다.

경사로를 따라 올라가면 오른편으로 기하학적인 본관건물이 절제된 형태와 노출콘크리트의 미니멀한 이미지를 보여주는데 비해, 왼편은 수공간의 자연스런 가장자리와 나무와 숲이 조성되어 서로 상반된 이미지를 보여주고 있다.

이 길을 따라 약 35m를 올라가면 오른편의 주 출입구를 만나게 된다. 이 출입구를 지나 곧장 가면 폭 2m의 좁은 다리가 수공간 위로 걸쳐져 있으며 끝에는 폭 6m의 정방형 전망 데크에 다다르게 된다. 전망 데크는 하늘과 주변의 나무가 깨끗하게 비친 수경을 감상할 수 있는 장치이며, 물과 자연을 조망할 수 있는 시점을 의도적으로 제공한다. 이곳에서 오른편으로 90° 틀어 본관으로 들어갈 수 있다.

히메지 문학관은 대지에 있는 수목구조를 원래 그대로 보존하여 옛 것과 새 것이 조화롭게 어우러져 시간의 흐름을 포용하도록 했다. 물에 비친 자연나무에 의해 시간의 흐름을 느끼며, 다리는 단지 통로로만 이용되기 위한 것이 아니라, 그 위에 서서 물을 느끼고 생각하게 하는 넓이를 가진 장소다.

잔잔하게 흐르는 물과 물에 비친 나무

전시관건축과 수공간

06

명화의 정원

명화의 정원陶板名画の庭, Garden of Fine Arts은 교토 기타야마北山 대로의 식물원 옆에 있으며, 지상 1층, 지하 2층 규모의 옥외 미술관이다. 1990년 "오사카 꽃박람회"에 출품된 레오나르도 다빈치의 〈최후의 만찬〉, 미켈란젤로의 〈최후의 심판〉 등을 비롯한 모네의 〈수련-아침〉, 르누아르의 〈테라스에서〉, 고흐의 〈사이프러스 나무가 있는 길〉, 조르주 페에르 쇠라의 〈그랑드 자트 섬의 일요일 오후〉, Zhang Zeduan張澤端의 〈청명상하도淸明上河圖〉, 토바 소조鳥羽僧正의 〈죠주진부츠기가鳥獸人物戱畵〉 등 세계 명작 도판화 8점을 빛, 바람, 물, 소리 등의 자연현상과 함께 대비적으로 감상할 수 있도록 안도 다다오가 디자인한 미술관이다. 일반적으로 회화작품은 자연광에 매우 민감하여 보존장치가 설치된 최적의 실내공간에서 감상해야 하는 한계가 있지만, 이러한 통념을 깨고 습기가 많은 수공간과 함

명화의 정원 전경

전시관건축과 수공간

께 감상할 수 있도록 색상을 그대로 살려 도판을 구웠다.

이 건축적 정원공간은 주위를 노출콘크리트로 마감한 벽이 둘러싸고, 그 내부에 물을 도입하여 층고를 이용한 폭포를 적극적으로 만들어냈다. 이 미술관은 전체 공간이 지면보다 낮게 구성되어 있으며, 3개의 벽면과 다리, 경사로 등으로 이루어진 동선이 서로 다른 높이로 다양하게 펼쳐져 단순하면서도 섬세한 감성적 조형언어를 기억하게 하여 풍부한 공간감을 만들어내고 있다. 그리고 이 건물에서 경사로는 외부와 내부, 외부와 외부를 자연스럽게 연결한다. 외부 공간의 연속적인 흐름이 전체의 프로젝트를 구성하고 있다.

안도는 '외부 공간에서 바라보는 명화'라는 개념을 적용하여 기존의 미술관이 지닌 형식적 특성을 타파하였다. 이를 위해 전시장과 관람객의 관람동선 및 관람공간을 분리하였다. 이러한 특성을 건축으로 소화해내기 위해 전시용 벽체, 브리지, 경사로가 사용되며 건물의 대각선으로 주요 관람동선을 집중 배치함으로써 명화의 감상을 원활하게 수용하고 있다. 각각 다른 규모의 폭포와 지반의 연못과 함께 수공간이 외부 공간을 연출하고 있다.

수공간의 특성

이 미술관은 작품과 함께 물을 다양하게 체험을 할 수 있는 공간이다. 폭포나 캐스케이드와 같은 다양한 형태의 물이 대부분을 차지하고 있다. 물은 세 개의 작은 폭포와 각각 다른 높이에서 만들어진 연못형태로 경험하게 하며 수공간을 낀 경사로는 정원을 산책하는 듯한 느낌을 주고 있다. 내부로 계획된 소로를 따라가면 다양한 위치와 각도에서 도판에 전사된 명

수면 아래에 위치한 모네의 〈수련〉

전시관건축과 수공간

화들을 감상할 수 있다. 내후성 도판 명화의 다수는 수공간과 근접하여 전시되어 있지만, 어떤 것은 수면 밑에 놓여 있다. 하지만 수면아래 놓여 있는 작품도 물의 특성인 굴절로 물에 떠 있는 듯한 느낌을 준다.

물속의 도판명화와 벽면에 바람이나 빛 등의 자연적 요소가 더해지면 수면에 반사되는 빛의 흔들림이 작품이나 건축을 한층 더 매력적으로 보이게 한다. 또한 깊이 약 15㎝의 물은 조용하게 흐르다 급격히 꺾여 떨어진다. 꺾인 표면은 요철로 처리되어 물의 입체성을 강조하며 불어오는 바람에 의해 촉각적으로 느껴진다. 그리고 폭포는 시원하게 떨어져 하얀 수포를 형성하며 바닥에는 자갈이 깔려 있어 물의 투명성을 확인할 수 있다. 또한 물의 흐름과 함께 동선은 이동하며 물은 이 공간에서 중요한 주제로서 물 자체가 상징성을 나타내어 새로운 이미지를 창조한다.

안도는 이 작품에서 정원에 대해 회유하면서 입체화된 재해석을 경험할 수 있도록 시도하고 있다. 이 미술관에서 경사로는 수공간과 함께 명화와 공간을 체험할 수 있는 건축적 산책로Architectural Promenade와 같은 기능을 한다. 건축적 산책은 고정시점이 아닌 이동시점을 전제로 동선을 따라 지속적으로 변화하는 건축적 장면들의 연속을 통해 건축적 감흥을 구현한다. 즉, 동선의 진행에 따라 변화하는 공간을 느끼게 하며 공간의 연속성을 강조한다.

안도의 오랜 관심사인 '진행의 연속성'이 물의 교회와 물의 절에서와 같이 반영되어 있으며, 그러한 외부 공간의 연속성이 건축 전체를 구성하고 있다. 미술관 전체를 바라보면 주위의 풍경을 방해하지 않도록 땅속에 묻힌 정원으로 물이 흘러내리는 작은 폭포형식으로 되어 빛을 담아 모아서 바람을 불어 넣는 용기를 이야기할 수 있다. 이러한 공간 속에 다리, 데크,

1. 아주 평온하고 정적인 물 위에 떠 있는 레오나르도 다빈치의 〈최후의 만찬〉
2. 꺾여 떨어지는 물과 요철표면의 상세
3. 하얗게 부서지는 입체적이며 촉각적인 물
4. 공간의 연속성을 유도하는 물

경사로가 중층적으로 구성되어 입체적인 회유식回遊式 정원이 된다. 회유의 과정은 서로 엇갈리게 삽입된 세 개의 벽에 의해 다양함을 더하게 된다. 또한 명화가 이러한 과정에 배치되어 빛과 물, 바람의 흔들림 속에서 예술을 감상하는 체험을 가능케 하여 공간의 시퀀스에 따른 독특한 물을 경험할 수 있는 장소로 기억할 수 있다.

이 작품에서 대각선의 경사로와 계단, 절단된 벽과 같은 가벽은 그 안에서 움직이는 신체적 경험을 발생시킨다. 특히 가벽은 무대와 같은 스크린 효과를 만들어내며 신체적 경험을 더욱 풍부하게 만들어 준다.

경사로는 동선의 흐름을 유도하며 수공간과 명화를 동시에 체험할 수 있도록 일련의 과정을 연결시켜 준다. 즉, 움직임에 의한 공간의 구축이며, 신체의 움직임에 의한 우연한 사건과 다양한 경험을 유도하고 있다.

그리고 벽과 벽을 상충시켜 벽의 윤곽을 명확하게 분리하여 강조하고 있으며 기하학적인 형태와 공간을 연출하고 있다. 경사로는 벽을 따라가기도 하고 충돌된 벽의 틈 사이를 관통하기도 한다. 이와 같은 사례는 안도의 2001년 작품인 유메부타이에서도 비슷한 특성을 보여주고 있다.

이 미술관에서 경사로와 가벽은 공간경험을 위한 중심적 마디로 작용한다. 즉, 수공간과 명화는 신체에 의해 체험되는 장소적인 공간을 만들기 위한 것으로, 이것은 건축공간 안에서 신체의 이동에 따른 활동공간의 경험을 강화하는 데 크게 기여한다.

명화의 정원에서 가벽과 벽천 및 진입부의 정적 수공간과 내부의 동적 수공간이 노출콘크리트의 인공성을 순화시키는 역할을 하며, 또한 프레임을 형성하는 벽들은 하늘과 풍경을 잘라내어 경사로를 통해 이동하는 동안 시시각각 달라지면서 물과 명화를 즐겁게 경험하도록 유도하고 있다.

유메부타이의 경사로와 가벽

전시관건축과 수공간

07 게티 센터

리차드 마이어가 디자인한 게티 센터Getty Center는 로스 앤젤레스의 도심에서 서북쪽으로 그다지 멀리 떨어져 있지 않은 브렌우드 brendwood 언덕 정상에 우뚝 솟은 유백색의 눈부신 건물군으로 이루어져 있다. 이 센터는 '21세기의 문화 아크로폴리스'라는 별명을 갖기도 하였다.

게티 센터는 기본적으로 두 언덕 사이의 골짜기를 연결하여 다양한 층과 공간으로 이루어져 있다. 미술관 건물은 분수, 동양식 바위정원 등이 있는 중정을 중심으로 서로 연결된 건물군으로 되어 있으며, 미술관과 정보센터, 미술품 보존과학연구, 미술교육 프로그램 연구, 연구지원 등 6가지 성격으로 구성된 복합예술단지다. 그리고 6개의 성격이 다른 구성요소를 하나의 통합체로 묶는 동시에 각각이 지닌 개별적 특성을 살리기 위해 축의 개념을 도입하였다.

중앙정원에서 바라본 게티 센터 전경

전시관건축과 수공간

모든 건물의 옹벽과 기단은 거칠게 마감하는 클레프트 컷cleft cut 방법으로 단층선을 따라 석재를 절단하여 작은 화석들이 드러나게 하여 표면을 풍부하게 만들어 관람객들에게 지질학적인 과거를 체험하게 하며, 영속성과 근원성을 부여하고 있다. 건물들은 원통형, 입방체, 그리고 인체의 곡선이나 그랜드 피아노의 곡선을 연상하게 하는 부드러운 자유형의 조합으로 배합되어 있는 것도 독특하다. 주위 환경에서 볼 수 있는 자연의 형태를 반복하는 듯한 모습들은 눈부시게 차가운 기하학적 형태를 완화시켜 주고 있다. 또한 전시실과 전시실을 연결하는 복도에서는 활짝 열린 경치와 아름다운 정원을 볼 수 있어서 끝없는 '닫힌' 공간의 연속으로 이루어진 다른 미술관과는 완연히 구별되는 구조를 보인다.

수공간의 특성

수공간은 모두 다섯 곳에 있으며 형태 또한 다양하다. 첫번째 수공간은 미술관 로비로 들어가는 광장 입구 면에 녹색 울타리 식물과 함께 12개의 물줄기를 뿜어내고 있다. 계단 옆 캐스케이드 형태의 수공간water step이 관람객을 맞이하고 있다. 그리고 로비 왼편의 교육센터 작은 광장에는 남·북으로 방향성을 가지는 좁은 폭의 수로가 트래버틴의 홈으로 흐르고 있어 물의 촉감을 느끼게 한다.

원통형의 미술관 로비에서 중정을 바라보면 직사각형의 긴 수공간이 중정 중앙의 원형 수공간과 미술관이 하나의 축 선상에 위치해 있다. 직사각형의 수공간은 한편에서 가운데로 물을 뿜어 올리고 있는데, 이 수공간은 알람브라 궁전의 여름 별장인 헤네랄리페 정원의 분수를 연상케 한다. 넓은 미술관을 관람하다 지친 이들을 위한 야외 휴식공간이다. 그리고 연속

광장 입구에 있는 12개의 작은 분수들
헤네랄리페 정원(Generallife Garden)의 분수를 연상케 하는 긴 직사각형의 타원형 분수

전시관건축과 수공간

적인 시퀀스를 이루는 남동쪽 갤러리 구조물 사이에 세 개의 면으로 둘러싸인 사각형의 수공간이 숨겨져 있다. 30㎝ 정도 깊이의 물에 바위가 자연스럽게 군집을 이루어 그 가운데서 물을 뿜어내고 있다. 마지막으로 중정 중앙에 미술관 건물을 싸고 있는 가장 큰 수공간이 있다.

계단 옆 수공간은 낮은 곳에서 높은 곳으로 오르는 공간변화를 느끼게 하며 트램을 타고 올라온 관람객들에게 기대감과 긴장감을 확대시키며 환영의 느낌을 전한다. 갤러리의 수공간은 존재 자체가 상징성을 가지며 예상치 못한 빛에 의해 새로운 느낌으로 공간의 밀도를 더 하고 있다.

게티 센터에는 건축과 자연, 안과 밖, 빛과 그림자들이 균형을 이루며 공존하고 있는 보이지 않는 힘이 있다. 식재들과 분수들이 동적인 형태, 넓은 광장, 조용한 모퉁이, 인상적이며 예식적인 계단형 우물. 좁은 통로, 훌륭한 전시공간, 환상적인 조망이 있는 끝없는 테라스들과 강력하게 대위되는 기법으로 조화를 이루고 있다.

여러 곳에 있는 수공간은 위치하는 장소에 따라 나름대로의 기능을 부여하고 있다. 게티 센터 내에 있는 수공간과 주변 환경은 환경 속에서 자신을 느끼게 하고 주변 공간과의 관계를 파악하게 한다. 또한 수공간 주위와 건물의 외·내부에는 많은 일들과 행위가 발생하고 있고 무수한 사람들이 걷고, 생각하고, 느끼며 생활하는 '현실적 공간'임을 느끼게 한다. 특히 외부의 수공간은 활기 넘치는 공간을 창출하고 함께 머무는 장소를 만들어 낸다.

미술관 로비에서 중정을 통해 연속적인 시퀀스를 이루는 갤러리 구조물들을 볼 수 있다. 정원으로 연결된 규모가 작은 별관건물들은 미술관을 보며 느꼈던 스케일감을 완화시켜 주고 잠시 동안 휴식을 허락하며 실내와

계단 옆 부분의 계단형 수공간
방향성을 가지는 좁은 수로

실외의 상호작용을 증폭시키고 있다. 여기에 수공간을 포함한 조경은 산재한 건물들을 하나의 지형으로 묶어주는 역할을 하고 있다.

중정의 축 선상에 위치한 수공간은 주변 건물을 통합, 연결하고 있다. 즉, 미술관 전면의 수공간은 폐쇄된 중정공간에서 미술관의 뚫린 공간과 같은 축 선상에 원형의 수공간에 의해 상호교합이 되어 있다. 원형의 수공간은 커다란 자연석을 두어 그 사이로 분수를 설치하였다. 분수바닥을 검은 돌로 처리하여 물의 깊이를 더하여 깊은 바다의 분위기를 갖게 하지만, 그 주변의 수공간은 트래버틴 바닥에 얕은 물을 담고 있어 강한 대비를 연출하고 있다.

남동쪽 갤러리의 중정 수공간에는 투명한 물에 바위를 자연스런 형태로 군집시키고, 그 가운데서 물을 뿜어내게 하고 있다. 트래버틴 바닥의 고여 있는 물 표면에 분수로 인한 물결이 햇빛을 받아 신비스런 패턴을 만들어 내고 있다. 거친 트래버틴 질감 벽면에 반사가 되어 환상적인 불꽃의 이미지는 기대하지 않았던 독특한 효과를 보여준다. 또한 트래버틴으로 마감된 벽과 투명한 물로 인해 수공간 바닥의 색상은 일체감을 주며, 바위와 분수에 의해 더욱 신비한 느낌을 경험할 수 있다.

공간의 확장을 느끼게 하는 물과 빛
미로의 수공간

전시관건축과 수공간

주변의 경관을 조망할 수 있는 경사로
전시관 중정의 수공간
닫힌 공간에서 빛의 반사로 생긴 불꽃 이미지

전시관건축과 수공간

08
로즈 센터

뉴욕의 자연사 박물관의 로즈 센터Rose Center for Earth and Space, American Museum of Natural History는 제임스 스튜워트 폴섹James Stewart Polshek이 설계하였다. 이 건물은 상징적인 구sphere의 형태를 투명한 입방체 속에 넣어 프로그램상과 아이콘적 의미로 탁월한 장소성을 보여주고 있다. 일반인들의 자연스런 접근동기를 부여하여 자연과학 분야에서 연구와 교육이라는 진보적인 사명감을 고취하기 위해 창의적으로 디자인된 건물이다.

한 면의 길이가 약 36m인 정육면체의 로즈 센터는 직경이 약 26m의 영상실인 구체를 둘러싸고 있다. 외피구조로부터 분명하게 분리된 구체와 투명한 유리 커튼월은 로즈 센터의 중요한 설계개념이다. 커튼월은 입방체속에 있는 것들에 대한 신비스러움을 완화하면서도 이들을 조명하여 구체의 존재감을 강화시키는 장치로 보인다.

오래된 주위 환경의 미국 자연사 박물관 로즈 센터, 2000 (Rose Center, Jamse Stewart Polshek, NY, USA)

전시관건축과 수공간

커튼월의 투명성은 빛의 유리 투과를 극대화시키고 건물의 기본적인 구조는 물론, 유리의 지지 구조를 비물질화dematerializing시키고 있으며, 철분함량이 낮은 투명 통유리water white를 사용하여 빛의 유리투과를 극대화하여 벽표면의 이음새를 감추게 하였다.

로즈 센터의 설계는 몇 가지 개념적 의도에서 출발하였는데, 그 중 하나가 콜롬버스 애비뉴상의 새로운 서쪽 입구 파빌리온이 되는 새로운 아더 로스 테라스Arthur Ross Terrace를 만들어 박물관이 도시적 맥락 하에서 사회적·환경적으로 안정화될 수 있도록 설계하였다. 이 센터는 앞뜰의 수공간과 각종 전시공간, 우주 모형관, 매표소, 갤러리 등으로 구성되어 있다.

투명한 외피와 수공간

전시관건축과 수공간

수공간의 특성

캐서린 구스타프슨Kathryn Gustafson이 다른 건축가들과 협력하여 설계한 아더 로스 테라스는 월식lunar eclipse을 상징하며 박물관과 공원의 경계를 정의하는 한편, 박물관의 북쪽 출입구에 대한 옥외 '앞뜰forecourt'로서 기능을 감당하고 있다.

아더 로스 테라스의 물은 솟아오르는 분수의 형태로서 물에 참여하여 즐기는 형태의 수공간이다. 중앙부분에 표면과 같은 높이의 싱글 노즐 분수를 설치하여 아이의 동심을 끌어들인 노력을 엿볼 수 있다.

이 수공간는 로즈 센터의 서쪽 방향으로 구가 면한 부분에는 화강암으로 포장되어 있으며 그 양편으로 육면체 부분까지 잔디가 있는 공원으로 조성되어 있다. 가운데 화강암으로 포장된 부분은 로즈 센터에서 서쪽으로 갈수록 폭이 좁아져 맞은편 4층의 붉은 벽돌건물로 향하게 하였다.

시간차를 두고 서로 다르게 솟아오르게 하여 보는 이들로 하여 언제 물이 뿜어질지 모르는 긴장감과 솟아오르는 형태에서 리듬감을 느끼게 하며 떨어지는 물소리가 시선을 집중시킨다. 도시공간에서 이 수공간은 존재 자체가 상징성을 가지며 공공적 조경 테라스가 되고 있다.

로즈 센터가 상징하는 우주의 질서와 함께 아더 로스 테라스 공원은 자연요소인 물과 잔디 그리고 돌로 구성된 친환경적 공간이다. 수공간은 투명한 입방체와 자연스럽게 조화되고 있다. 로즈 센터의 내부에서 바라보는 이 공간은 우주의 질서 가운데 물을 통한 자연의 강한 메시지를 전달하고 있다.

이 건물에서 물은 바라보는 물만이 아니라 맨발로 거닐며, 물을 만지며 마음껏 즐길 수 있는 친수공간이다. 주로 아이들과 함께 나온 가족들이 맨

옥외 앞뜰기능의 수공간
내부에서 본 외부 공간

전시관건축과 수공간

해튼 빌딩 숲의 도심에서 나무그늘과 잔디에서 물을 바라보며 휴식을 할 수 있는 장소다. 반대편 가까운 곳에 센트럴 파크가 있지만, 도심 속의 녹색공간으로 시민들의 일상생활에 매우 중요한 오아시스와 같은 포켓공원이라 할 수 있다.

정보를 교환하는 사회적 커뮤니케이션의 장소, 각종 이벤트가 일어나는 문화의 장소인 이곳은 도시의 지적인 휴식공간을 대변하고 있다. 비록 규모는 작지만 물리적 규모보다 중요한 것은 사람들이 가슴으로 느끼는 크기다. 이곳에서의 휴식이 하루의 일과가 되어버린 시민들의 마음 속 큰 공간이며 로즈 센터의 수공간은 도시의 많은 이야기를 간직하고 있다. 아더 로스 테라스는 건물의 역사적·지리적·건축적·문화적·환경적 조건과 맥락적 특성을 반영하여 장소성을 강화하는 대표적인 공간인 것이다.

적극적인 행위를 유도하는 수공간

전시관건축과 수공간

포트워스 현대미술관

포트워스 현대미술관Modern Art Museum of Fort Worth은 루이스 칸이 설계한 킴벨 미술관 길 건너편에 있다. 이 미술관은 주위를 압도할만한 기념비적 건물은 아니지만, 현대적인 건축재료와 디테일로 관람객들이 예술, 자연 그리고 관람객 자신과 교류할 수 있는 감각적인 공간이다. 볼륨감 있는 알루미늄 벽과 훨훨 나는 듯한 차양장치인 브리즈솔레이brisesoleils를 통해 침묵과 고독 그리고 건축가의 디자인 의도를 분명한 목소리로 전달하고 있음을 느낄 수 있다. 안도 다다오는 지역사회의 심장과 센터 같은 미술관, 지역 커뮤니티 센터같이 모든 사람들이 함께 어울릴 수 있는 진정한 의미의 열린 미술관을 계획한 것 같다. 내부 공간은 강당과 전시공간, 식당, 카페, 박물관 상점, 사무실 등으로 구성되어 있다.

안도 다다오의 미술관 스케치

전시관건축과 수공간

다넬 거리Darnell st.의 주 외관은 알루미늄과 유리를 기하학적으로 차분하면서도 조화롭게 표현한 콜라주 형식이다. 그리고 건물 내부의 공간과 밀도가 높은 콘크리트의 중심부를 알루미늄과 유리로 감싼 건물의 디테일을 볼 수 있다. 미술관을 관람하는 정해진 방향이 없음에도 불구하고, 대부분의 관람객들은 주 출입구에서 왼편으로 돌아 인포메이션 데스크와 조용한 뮤지엄숍을 지나 둥근 콘크리트 벽을 따라 전시공간으로 진입을 유도하고 있다. 이 둥근 콘크리트 벽 안쪽에는 타원형의 공간에는 안셈 키퍼Anselm Kiefer의 조각품이 헌정되어 있어 마치 채플 공간의 엄숙하고 신령한 분위기를 갖게 한다. 미술관 외부 왼편에는 미국의 미니멀리즘 조각가인 리차드 세라Richard Serra 작품 〈Vortex 2002〉이 약 20미터의 높이로 서 있다. 녹슨 강판을 휘어서 소용돌이처럼 만든 이 작품은 관람객들이 내부로 들어가면 박수로 소리의 울림을 경험할 수 있으며 하늘을 쳐다보면 카메라 렌즈 조리개처럼 보여 자연스럽게 손을 눈으로 가져가 카메라 셔터를 누르는 행위를 유발하게 하는 인터랙티브한 작품이다.

다섯 개의 직사각형 입방체는 두 개의 길쭉한 공동공간과 네 개의 짧은 전시공간으로 나뉘어 있으며, 이 공간들은 주변 자연환경을 포용하는 동시에 다양한 내부 공간을 수용하고 있다. 전시공간은 포트워스 도심의 스카이라인과 주변을 반사시키는 연못, 그리고 정원을 향해 열려 있다.

안셈 키퍼의 조각품
리차드 세라의 작품

전시관건축과 수공간

수공간의 특성

안도 다다오가 중요하게 생각하는 건축적 요소 중의 하나인 가벽은 동선을 유도하여 극적인 상황을 연출하기 위한 도구로 사용되는데, 이곳의 가벽은 교통량이 많은 교차로와 미술관을 차단하여 조용한 자연환경을 조성하는 관목의 숲과 넓은 수상정원water court을 두기 위한 장치로 도입되었다. 수공간은 전시공간과 카페, 테라스 등과 바로 접해 있으며 얕은 수심의 자연스러운 형태다.

이 미술관에서의 물은 하늘로 향해 열려 하늘과 관계를 맺으면서 시선을 수평적으로 발산하게 만든다. 물의 존재가 평화롭고 시원한 느낌을 주며, 그것에 반사되는 하늘과 건물로 인해 수평성이 강조되고 있다.

수공간의 북측에는 낮은 가벽을 설치하여 공간의 독립성을 높이고 있다. 그러나 동측에는 가벽을 일부에만 설치하여 자연공간과 자연스럽게 연결시키고 있다. 이 미술관에서도 가벽은 공간을 분리하거나 연결시키는 도구로 사용되고 있다.

그리고 유리로 마감한 외관의 시각적 표현과 수공간은 주변 환경과의 자연스러운 연결을 통해 적극적인 통합을 시도한다. 또한 잔디밭이나 물이 있는 정원과 미술관 외부 곳곳에 전시된 예술작품들을 배경으로 야외공연이나 파티, 축제를 즐길 수 있는 지역사회와 조화되는 장소로서 통합을 이끌어내고 있다. 수공간은 이러한 주변상황의 맥락적 특성을 잘 반영하고 있다.

내부로 들어서면 벽과 모서리에 햇빛을 반사하는 수공간과 함께 확장감 있는 로비와 전시공간, 조각정원이 펼쳐진다. 그 순간, 건물은 비물질화되고 땅과 물, 하늘, 자연, 건축과의 조화로운 균형을 보게 된다. 이런 균형

1. 사이공간
2. 가벽과 테라스 공간
3. 계단공간
4. 수평적인 요소와 수직적인 요소로 이루어진 공간

전시관건축과 수공간

은 건물을 통해 내부와 외부 사이를 끊임없이 연출하는데, 카페에서 전이공간, 기준층 전시공간의 가장자리에서 북쪽의 좁은 유리계단 공간으로 이르는 공간은 일본 전통의 엔가와縁側, engawa를 모형으로 하고 있다. 바깥 수공간과 바로 접해 있는 이 통로공간은 일본주택의 한 면을 확장한 마루 형태로 안뜰이나 정원에 접해 있는 공간의 의미와 흡사한 것이다.

이 미술관은 건축가의 대지를 파악하는 능력의 탁월함과 조건 수용의 대단함을 느낄 수 있다.

5개의 나란한 전시공간들과 주변을 반영하는 수공간의 기본평면은 반복과 화합을 암시하고 있다. 이것은 하나의 요소에 대응하는 다른 요소들, 즉 채움과 비움, 무거움과 가벼움, 열림과 닫힘, 동쪽과 서쪽 등을 배치하려는 의도를 읽을 수 있다.

미술관은 유리외관과 가벽, 유리와 노출콘크리트 등이 숲과 잔디, 수공간 등 자연적 요소와 상호 결합되어 느긋하게 예술작품을 음미하며 자연을 느끼는 공간으로 계획되었다. Y자형 기둥을 수공간 내부에 두어 전시공간과 수공간의 위치를 강하게 부각시켜 장소에서 주어지는 컨텍스트와 두 공간 사이의 균일한 긴장감을 극적으로 표현한 것을 볼 수 있다. 이와 같은 특성은 히메지 문학관과 명화의 정원 등에서도 나타났다. 애리조나 템피 시에 위치한 템피 아트센터에서 유사한 특성을 찾아볼 수 있다. 이 아트센터는 호수와의 관계를 중시하였으며 아트센터와 호수의 관계를 더욱 밀접하게 하기 위하여 건물과 물이 서로 면해 있어 하나의 연결된 면으로 인식하게 하였다.

템피 아트센터, 2007 (Architekton & Barton Myers Associates, Tempe Center for the Arts, Tempe, AZ, USA)

전시관건축과 수공간

북측 전시관에서 2층으로 이동하는 긴 계단은 수면에 비친 하늘을 보며 상승하는 느낌을 줄 뿐 아니라, 수공간 건너편에서 바라보는 2층 계단부분은 보는 이들로 하여금 잔잔한 수면에 비친 유리와 그 안의 노출 콘크리트의 완벽한 반사를 감상하게 한다. 안도 다다오는 이 긴 계단의 사이공간을 일상적인 프로그램으로 질서화되는 영역 이외에 비일상적인 영역을 수용할 수 있게 하는 틈새공간의 중요성을 강조하였다. 이 공간은 전시관들의 구심점인 역할을 하는 한편, 주변 환경의 빛과 물, 녹음을 포용하는 동시에 창의성을 높인다. 또한 유리 외관에 둘러싸인 콘크리트 육면체들은 스스로 물성을 드러냄으로써 유리의 투명함을 강조하고 있다.

수공간은 외부 공간을 바라보며 끌어들이는 수단으로 사용되었다. 저녁 시간에는 유리로 덮힌 미술관이 일본의 전통적인 유리등과 같이 빛을 발하여 수공간에 투영되는 또 하나의 광원이 된다. 또한 이 미술관은 넓은 수공간에서 반사되는 빛에 의해 시각적으로 풍성하고 아름다우며 건물과 잘 조화되고 있다

물에 잠긴 Y자형 기둥과 유리로 된 외벽

전시관건축과 수공간

전시관건축의 수공간 분석

전시관건축에 나타난 수공간의 체험적 특성도 수공간의 위치와 특성에 따라 작품마다 다르게 나타났다. 넬슨 아트센터에서 물은 동선을 내부로 유도하는 시퀀스적 요소이며, 극장 입구의 수공간은 주변을 끌어 담아 시간의 흐름을 느끼게 하는 장치로 도입되었다. 지하까지 유입된 자연광은 수공간에 반사되어 지하공간을 밝게 하여 새로운 공간의 이미지를 창조한 것은 상큼한 느낌을 갖게 한다.

게티 센터에서 수공간은 다양한 형태로 나타났는데, 각각의 수공간마다 다양한 지각체험을 하게 한다. 그리고 미술관 앞 수공간은 주변의 공간들을 상호 연결하는 관계를 가지고 있다. 로스앤젤레스 현대미술관의 수공간은 주변 도심의 환경을 담고 있어 장소성과 맥락성이 나타났다. 히메지 문학관에서는 공간에 방향성을 제시하는 경사로를 따라 움직이면서 시퀀스에 의해 수공간의 체험을 유도한다. 그리고 주변을 비추는 수공간은 강한 장소성을 느끼게 한다. 포트워스 현대미술관은 주위의 자연과 전시관 건물을 분명하게 반사하며 공간의 확장감을 준다.

그리고 포트워스 현대미술관과 히메지 문학관, 메트로폴리탄 박물관, 로스앤젤레스 현대미술관 등에서 물은 건물이나 주변 환경을 비추는 거울로서 강한 장소성과 시간성을 느끼게 한다. 특히, 포트워스 현대미술관에서는 아름다운 조형미를 창조하고 있다.

그리고 물은 다양한 형태로 연출되어 신체적 체험을 유발시키며 주변 환경을 비추어 시간의 변화와 장소성을 높이는 역할을 한다.

전시관건축에서 물은 낙수와 분수가 대부분이며 유동적인 물로서 운동

흐름을 유도하는 메사 아트센터 수로
하늘을 담는 수공간 (이타미 준, 물 미술관, 제주)

성을 가지고 있다. 물의 위치는 외부가 대부분인데, 특히 안도 작품에서 수공간은 모두 외부에 있다. 수공간의 형태는 기본 도형형태와 자유형태가 대부분이다. 물의 재현유형은 분수와 네이프, 그로토스 등 다양하며 물의 형태 또한 시각적이며 청각적·촉각적으로 신체적 체험을 강하게 느끼게 한다. 그리고 킴벨 미술관과 메트로폴리탄 박물관, 게티 센터 등에서는 조각품이 수공간에 영향을 미치는 매개물이며 안도 작품에서는 주로 기둥과 가벽, 다리 등이 매개물로 나타났다.

전시관건축의 빛은 내부에 색채감을 부여하고 공간의 성격을 특징짓는 요소였다. 전시관건축에서 킴벨 미술관의 빛은 천창과 같은 유입장치를 통해 내부 공간으로 들어오게 하여 천장의 노출콘크리트의 물성을 잘 드러내어 공간의 밀도를 높이고 있다.

중첩된 프레임과 양면의 수공간으로 공간의 밀도를 높인 안도 다다오의 지니어스 로사이(Genius Loci)

전시관건축과 수공간

사례건축의

[수]

공간 해석

수공간과 건축의 상호관계

수공간의 역할

　　종교건축과 전시관건축에서 수공간의 역할을 크게 상징
적·중심적·공공적으로 구분해 볼 때, 상징적 역할이 가장 두드러진 것으
로 알 수 있다. 이것은 물의 상징성을 건축물에 표현하여 이용자가 생각하
는 건축으로서의 기능과 더불어 공간의 장소성과 독자성을 부각시키려는
의도로 볼 수 있다. 물의 절과 MIT 채플, 성 피터 교회 등의 수공간은 가
장 상징적이라 할 수 있을 것이다.

　또한 수공간과 건축과의 관계를 연결성, 연속성, 다양성, 지속성 등으로
구분하여 보면, 연결성은 수공간이 주변 환경과 건축을 상호 긴밀하게 이
어주는 특성이며, 연속성은 건축의 외부와 내부 공간을 동선의 흐름과 같
이 효과적으로 유도하는 특성을 의미한다. 그리고 다양성은 건축과 수공

간이 여러 의미와 속성을 지니고 있는 특성이며, 지속성은 수공간이 자연적·친환경적 요소로 작용하여 주변과 유기적이며 연속적으로 계속 관계되는 특성의 의미를 지니는 경우를 말한다.

수공간이 공간 내에서 중심이 되는 경우를 보면, 성 피터 교회 내부 공간의 수공간은 예배공간뿐 아니라 회중들 마음의 중심이 되는 상징적인 것이기도 하며, 가든 그로브 커뮤니티 교회의 내부 수공간은 예배공간 내부를 이등분하는 중심의 성격과 내부의 초점을 중앙부로 모으는 성격을 지니고 있다. 게티 센터 중정의 원형 수공간은 주변 건물들을 상징적으로 통합하는 역할을 하며, 로스앤젤레스 현대미술관과 로즈 센터 그리고 메트로폴리탄 박물관의 도로변에 위치한 수공간은 가장 공공적인 성격을 지니면서 도시인들의 의사소통과 커뮤니티의 장소라 할 수 있다.

그리고 수공간은 그 성격이나 기능에 따라 건축공간에 적용될 수 있는 여러 형태가 있으며 이에 따라 받아들이는 인간의 심리변화에 많은 영향을 줄 뿐 아니라, 주변 공간의 성격까지 결정하는 중요한 요소다. 건물의 내외부에 사용된 수공간은 그 위치에 따라 차이가 있다. 외부에 사용된 수공간이 동적인 반면 건물의 내부에 사용된 수공간은 다분히 정적으로 나타났다.

특히 성 이그나티우스 채플과 포트워스 현대미술관 등에서 연결성을 뚜렷이 확인할 수 있다. 그리고 명화의 정원과 가든 그로브 커뮤니티 교회 등에서 연속성이 나타났다. 게티 센터, 히메지 문학관 등에서 다양성, 킴벨 미술관과 로즈 센터, 포트워스 현대미술관 등에서 지속성, 로스앤젤레스 현대미술관에서는 방향성이 두드러졌다. 이상과 같은 특성을 살펴볼 때, 건축적 수공간은 하나의 건축적 언어와 전략으로서 공간적 지각spatial configuration을 바꾸어 놓는 특수한 장치라 할 수 있다.

1. 조형물을 담는 잔잔한 수공간 바르셀로나 파빌리언
2. 공간을 한곳으로 모으는 중심성을 가진 수공간 피닉스 시청 분수
3. 부딪히는 물소리로 역동성을 부여하는 수공간 시카고 센테니얼 분수

사례건축의 수공간 해석

수공간의 디자인 효과

종교건축과 전시관건축에서 수공간의 디자인 효과를 공간과 형태, 물의 상징성으로 구분하여 보면, 외부 공간과 내부 공간의 연결, 건축공간과 외부 자연공간과의 연결 등의 디자인 효과를 볼 수 있다. 로즈 센터, 게티 센터, 킴벨 미술관, 명화의 정원, 넬슨 아트센터 등 대부분 전시관건축에서 외부 자연과의 연결성이 잘 나타났으며, 종교건축에서는 물의 절, 성 이그나티우스 채플과 성 피터 교회 등에서 나타났다.

그리고 수공간을 따라 외부 공간에서 내부 공간으로 진입할 수 있도록 축을 설정한 넬슨 아트센터에서는 공간의 방향성 효과를 뚜렷하게 보여주며, 로스앤젤레스 현대미술관과 명화의 정원, 게티 센터 등에서의 수공간은 방향성을 제시해 준다. 그리고 가든 그로브 커뮤니티 교회는 내부 공간에서의 분리를, MIT 채플에서는 종교공간과 주변 공간을 영역적으로 분리해 준다. 가든 그로브 커뮤니티 교회는 외부 수공간이 외피의 투명성으로 더욱 공간을 확장하는 디자인 효과를 보여준다.

수공간의 상징성 해석에서는 먼저, 물 자체의 상징성을 보여주는 사례는 대부분 종교건축으로, 가든 그로브 커뮤니티 교회와 성 이그나티우스 채플과 성 피터 교회 등이다. 하지만 수공간을 한정하는 형태로 상징성을 보여주는 사례로는 MIT 채플과 물의 절, 성 피터 교회의 외부 수공간 등이다. 전시관건축에서 수공간이 한정되며 상징성을 보여주는 사례로는 메트로폴리탄 박물관, 로즈 센터, 게티 센터 등의 전시관건축이다. 그리고 수공간이 주변 환경과 조화되는 특성은 히메지 문학관과 포트워스 현대미술관 등이다. 또한 수공간 자체의 상징성은 킴벨 미술관의 내부 수공간과 명화의 정원, 포트워스 현대미술관 등에서 나타났다.

잔잔한 수면에 비친 솔트레익 몰몬 성전의 야경, 1893 (Salt Lake Temple, UT, USA)

사례건축의 수공간 해석

주변 환경을 담는 그릇으로서의 수공간, 스페인 바로셀로나 해변가 쇼핑몰

형태 디자인 효과는 수공간에 건물이 비친 모습이 대칭을 이루는, 즉 조형성을 보여주는 것은 성 이그나티우스 채플과 포트워스 현대미술관 등이다. 그리고 수공간으로 새로운 이미지를 연출하는 것은 가든 그로브 커뮤니티 교회와 물의 절, 게티 센터 등 사례분석 대상 대부분이다. 그리고 형태 이미지를 강조하는 것은 성 이그나티우스 채플과 포트워스 현대미술관, 명화의 정원 등이다. 물의 상징성 효과에서는 종교건축에서 물 자체와 물을 한정하는 형태가 상징성을 가지는 것으로 나타났으며, 전시관건축에서도 물 자체가 상징성을 가지는 것으로 인식되었다. 형태 디자인 효과 중에서는 종교건축과 전시관건축 모두 새로운 이미지를 연출하는 것으로 나타났다.

수공간의 위상

수공간의 공간적 위상은 공간상에서 나타나는 수공간의 위치와 규모, 성격에 따라 다르다. 현대건축 수공간의 위상을 7가지, 즉 세팅setting과 골격spine, 초점focal, 배경background, 연결linkage, 참여involvement, 상징symbol으로 나누어 볼 수 있다.

먼저 세팅은 연극무대처럼 공간 내에서 담아야 할 건물이나 구조물과 같은 경관을 수공간과 함께 하나의 통일된 환경으로 느끼게 하는 기법이다. 이러한 장치는 보는 이들로 하여금 메시지를 전달하는 효과를 가지며 공감대를 형성하게 한다. 가든 그로브 커뮤니티 교회의 외부 수공간은 예배를 마치면 유리문이 열리면서 수공간에서 분수가 힘차게 솟아올라 무대장치 같은 이미지를 연출한다.

골격은 공간에 축을 두어 분할, 연결하는 기법으로 가든 그로브 커뮤니

주변을 하나의 분위기로 연출하는 장치인 LA 뮤직센터의 수공간
세팅의 효과를 보여주는 뇌과학연구소 (Neuro Sciences Institute, La Jolla, CA)

사례건축의 수공간 해석

티 교회 내부 수공간과 게티센터 중정의 수공간, 넬슨 아트센터의 외부 수공간 등이 대표적이다.

초점은 공간의 중심이나 주요 부위에 위치해 있고 적절한 규모로 분출하여 물을 통해 통일된 공간 이미지를 갖는 기법이다. 성 피터 교회와 킴벨 미술관, 게티 센터 등이 집중성을 보여주고 있다.

배경은 공간을 구성하는 요소 중의 하나로서 수직적 요소는 공간을 둘러싸거나 스크린으로 작용함으로써 공간의 볼륨과 질, 특징을 나타낸다.

연결은 공간의 수평적·수직적 연결을 물의 흐름을 통해 공간에 통일과 질서를 부여하는 기법이다.

참여는 물을 직접 체험할 수 있도록 하는 것으로 물에 발을 담그거나 물 위를 걷거나 물장난을 하는 등 사람들의 참여를 유도하여 동적이고 활기찬 느낌을 공간에 부여하는 기법이다. 성 피터 교회의 외부 수공간은 공간을 상호 직·간접으로 연결하고 있으며, 로즈 센터의 분수는 유쾌한 참여를 유도한다.

상징은 힘과 권위, 의지를 공간상에 표현시키는 기법으로 랜드마크로서 물의 절, 성 피터 교회, 게티 센터 등에서 나타났다. 현대건축에 있어 수공간은 건축을 보조하는 디자인 효과뿐만 아니라 각각의 건축에 있어 장소성을 창조하는 요소로서 적극적인 건축적 장치라 할 수 있다.

공간을 이어주는 수로 (La Placita, Tucson, Az, USA)
배경 역할의 수공간 (The Gloriette in the Schonbrunn Palace, Vienna, Austria)

사례건축의 수공간 해석

동심을 유혹하는 유니버셜 스튜디오 입구의 솟아오르는 분수

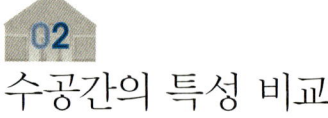

02
수공간의 특성 비교

종교건축 수공간의 특성

종교건축에서 수공간의 형태와 기능, 위상 등은 제시된 건축물에 따라 다소 차이가 있으며, 현상학적 특성을 확연하게 보여주는 것도 있지만 그렇지 않는 것도 있다. 많은 건축물의 수공간 형태는 직사각형과 타원형 등 정형에 가까웠으며, 수공간의 위치는 건물 내부 공간과 외부 공간에 동시에 나타난 경우도 있지만, 대부분 건물 외부에 있었다. 의식적 용도의 물을 제외하면 대부분 건물 외부에 있는 것으로 나타났다. 이것은 수공간이 상징적 의미와 함께 장소성을 부여하기 위한 것으로 볼 수 있다. 그리고 물의 절은 독특하게 수공간이 법당 위 지붕에 위치하여 건축공간과 수직적으로 연결된다. 수공간은 주로 상징적인 기능을 나타냈는데, 종교의식 가운데 물이 회중들에게 많은 의미와 생각을 주는 요소이기 때문이라 해석된다.

수공간의 체험요소 가운데 빛은 성 이그나티우스 채플과 물의 절에서 내부 공간에 빛과 그림자의 강한 대비와 변화를 통해 시각적 체험을 유도하고 있다. 물에 비친 주변 환경을 통해 시간의 연속성을 알게 하며, 사용된 재료의 물성과 형태에서도 시간의 흐름을 느끼게 한다. 대부분의 사례대상이 장소성을 강조한 작품이며 장소적 특성을 높이기 위해 여러 부가적 매개체인 수초와 종교적 상징물 등을 사용하여 공간에 대한 인지도를 높이고 있다.

성 피터 교회의 외부 수공간은 지역공동체를 지향하는 의지를 나타내려고 사람의 유동이 많은 번잡한 교차로에 위치하며, 재료의 선정과 외관 디자인에도 많은 노력을 통해 주위 환경과 조화되도록 하였다.

성 이그나티우스 채플, 1997 (Steven Holl, Chapel of St. Ignatius, Seattle, WA, USA)

전시관건축 수공간의 특성

전시관건축의 수공간의 형태와 기능은 종교건축의 수공간과는 사례대상 건축물에 따라 다소 차이가 있으며 체험적 특성은 각 대상마다 다양하게 나타났다. 전시관은 문화와 예술을 매개로 서로 소통하며 이해하는 커뮤니티 형성에 중요한 도구다. 많은 관람객들의 기다림과 만남, 소통과 나눔들을 수공간이 자연스럽게 연결해주는 역할을 하며 이러한 공공성을 가진 공간에 수공간이 차지하는 비율이 높게 나타났다.

불규칙하고 자유스러운 부정형의 형태가 대부분인 수공간은 주로 내부보다는 외부에 위치하였다. 수공간은 부가적인 요소로서 장소성을 높이고 있으며, 이는 전시관건축은 공공성이 요구되므로 장소성을 중요한 개념으로 설정한 것이라 해석된다. 수공간은 주변 환경과 건축을 상호 긴밀하게 연결시키는 특성이 있어 전시관건축에서 외부와 내부 공간의 연결과 건축공간과 외부 자연공간과 연결하는 디자인 효과가 강조되었다.

수공간의 체험요소 가운데 장소는 인간의 체험으로 존재하며 체험을 통해 상징적 의미를 갖게 된다. 모든 전시관건축은 장소성을 강조한 작품이며 특히 명화의 정원과 로즈 센터에서 장소성이 확연히 드러난다. 그리고 현상적 렌즈로서 물은 빛을 반사하는 매개체이며 자연채광을 이용하여 내부 공간을 쾌적한 공간으로 조성하였다. 시간성은 물에 비친 주변의 자연적 요소와 조화를 이루어 계절의 감각을 느끼게 하였다.

빛을 반사하는 매개체로서의 물, 바르셀로나 파빌리언, 1929 (Mies van der Rohe, Barcelona Pavilion, Barcelona, Spain)

사례건축의 수공간 해석

03
수공간의 체험 매개체

　　　　　　　　　　건축과 수공간에서 현상학적인 체
험에 영향을 미치는 인지요소는 다양하다. 즉, 경사로와 가벽, 기둥, 조각
물, 자연요소 등과 같은 매개체를 사용하여 공간에서의 체험효과를 높이
고 있다.

　가벽과 경사로는 어프로치 흐름에서 방향을 설정해주기도 하지만, 가벽
과 가벽 또는 건물과 가벽이 만들어내는 각도에 따라서 어프로치의 방향
을 전환시켜 관람자의 행위를 강제로 유도해 다양한 시점을 제공한다. 경
사로는 지형에 순응하여 관람자의 행위를 인위적으로 유도하며, 수공간과
주변 자연을 직접 체험하는 효과를 높인 것으로 보인다. 그리고 관람자의
동선을 유도하므로 운동성을 갖는다. 수공간과 공간은 연속적인 관계 및
유동성을 가지므로 신체적·정신적으로 공유되는 공간을 체험하게 된다.

히메지 문학관의 낮은 경사로

사례건축의 수공간 해석

히메지 문학관에서는 시간이 흐름에 따라 신체로 체험되는 공간을 만들기 위해 건축적인 접근방법에 길고 우회적인 동선을 도입하였다. 이것은 신체가 움직이는 과정에 펼쳐지는 연속적·비연속적인 풍경과 장면들로 지속적인 관계를 유지시키려는 의도다. 신체는 이러한 이동경로를 따라서 자연의 풍경을 단속적이거나 연속적으로 체험하며 장소의 감각을 경험한다. 그리고 수공간 내 낮은 다리는 물을 촉각적으로 느끼게 한다.

물의 절의 가벽들은 성스러운 곳과 속세를 구분 짓는 영역적 경계의 의미와 상징적 의미가 있다. 명화의 정원과 히메지 문학관에서 경사로와 다리, 가벽 등은 불규칙한 형태로 공간의 극적인 전이와 융합으로 관람자에게 신비스러운 느낌을 준다. 경사로는 끊임없는 경로를 변경해 가면서 공간상의 각 국면들을 체험하도록 자극하는 심리적인 유인요소로 의도되었다. 그리고 종교적인 효과를 높이기 위해 물의 절에서는 연꽃이라는 요소를 사용하여 상징성과 장소성을 강조하였다. 또한 물의 절 수공간은 타원형으로, 조용하고 수평적이며 연꽃이라는 요소는 선(禪)적인 이미지를 주고 있다.

또한 가든 그로브 커뮤니티 교회에서는 독특한 효과를 위해 유리문을 통해서 내부에서 외부의 수공간을 체험하게 한다. 그리고 종교건축에서는 종탑을 이용하여 건물에 대한 인지도를 높이고 있으며, 성 이그나티우스 채플에서는 종탑과 물에 비친 종탑에 의해 장소성을 강하게 느끼게 한다.

킴벨 미술관과 포트워스 현대미술관, 로즈 센터 등에서는 수공간을 자연요소인 나무, 잔디 등과 인접시켜 자연과 유기적으로 연결하고 있다. 명화의 정원에서는 수공간 표면을 요철로 처리하여 입체적인 물로 연출하여 현상학적인 체험효과를 높이고 있다.

수공간과 조각물, 1964 (Henry Moore, Reclining Figure at Lincoln Performing Art Center, NY, USA)

사례건축의 수공간 해석

그리고 킴벨 미술관에서는 수공간과 조각물을 조화시켜 공간의 체험효과를 높이고 있으며, 로스앤젤레스 현대미술관 외부 정원에 있는 조각물은 수공간의 중앙부와 나란히 위치하여 서로의 존재를 인식시키고 있다. 조각물의 사용은 건축과 수공간을 어우러지게 하는 방법으로 고대로부터 정원이나 공원 등에서 사용되어 왔다. 건축가들은 조각가들의 조각품과 물과의 관계를 끊임없이 발전시켜 왔고, 그들 건축작품 속에 아주 유용하게 사용하고 있다. 이러한 과정에서 건축과 물, 건축과 조각은 건축적 수공간에서 긴밀한 관계를 형성하여 건축과 물과 조각, 빛의 조화는 필수요소라 할 수 있다.

또한 수공간의 수평성을 강조하기 위해 수공간 내에 주의를 끄는 작은 바위, 꽃잎, 수초, 녹음 등과 같은 오브제를 두었다. 이와 같은 특성은 성 이그나티우스 채플과 물의 절, 게티 센터 등에서 나타났다. 특히 성 이그나티우스 채플에서는 바위와 야생풀의 모습이 수면에 반영되어 더 효과적이며 수공간을 강조하고 있다.

홍콩 시티뱅크 타워의 수공간. 1992 (Rococo Design Architects, Citibank Tower, Hong Kong)

04
수공간의 지각요소

공간의 체험은 인간의 감성과 지각으로 경험된다. 건축공간으로의 진입과정에서 느끼는 수공간의 지각은 시각을 비롯한 5가지 지각요소로 공간을 체험하게 된다. 수공간을 체험하는 요소도 역시 시각에 의해 가장 뚜렷하게 느낄 수 있다. 하지만 가장 먼저 수공간을 느낄 수 있는 요소는 청각으로서, 안도 다다오의 명화의 정원에서 이와 같은 특성을 알 수 있다. 명화의 정원은 건물 입구인 관리소에서 가장 먼저 물소리를 들을 수 있다. 그리고 바로 물속의 명화와 물을 시각적으로 경사로의 양 측면에서 확인할 수 있다. 경사로를 따라 진입하면 물이 떨어지는 소리를 더욱 크게 듣게 된다. 경사로를 폭포 가까운 곳까지 연장시켜 물을 촉각적으로도 느끼게 한다. 계단을 통해 가장 아래 공간에 도착하면 시각을 통해서 정적인 물과 높은 위치에서 떨어지는 물보라를 느낄 수 있

오감으로 체험하는 명화의 정원의 수벽

사례건축의 수공간 해석

다. 미술관 내부에 있는 동안에는 물의 소리를 항상 청각적으로 들을 수 있다. 그리고 미술관을 빠져 나온 후에도 한동안 물의 소리가 어딘가에서 들려오는 느낌을 받을 수 있다.

가든 그로브 커뮤니티 교회 또한 물의 지각을 시각과 청각을 통해서 느낄 수 있다. 먼저 교회 내부로 진입하기 전에 시원하게 솟아오르는 분수를 통해 시각적이고 청각적인 물을 경험하고 예배당 내부로 진입하면 중앙부의 기다란 수공간에서 정적이며 깨끗한 물을 느낄 수 있다. 때로는 이 정적인 수공간에서 분수가 솟아올라 청각적인 즐거움도 주고 있다.

이와 같이 물소리를 통해서 먼저 청각적으로 수공간이 있음을 암시하기도 하며 호기심을 유발시키기도 한다. 그리고 동선의 흐름을 유도하여 과정적 공간인 정적인 수공간을 거쳐 마지막에는 극적인 효과를 높인 수공간을 체험하게 한다. 즉, 수공간의 도입은 이용자의 공간체험에 대한 효과를 높이고 있으며 수공간의 시각적·촉각적·청각적 특징들을 건축공간의 구성과정에 반영하고 있음을 알 수 있다.

사라고사 엑스포의 물 체험공간, 2008 (Zaragoza Expo, Spain)

사례건축의 수공간 해석

시애틀 다운타운 광장의 수공간 (Seattle Downtown Square)

글을 맺으며

건축공간은 인간을 담는 그릇이며 과거에서 현재를 거쳐 미래까지 인간과 함께 서로 다른 시대에서도 소통하며 마음을 움직이게 하는 도구이므로 인간의 관점으로 건축을 보고 이해하여야 한다. 시대는 다르지만 그 공간을 찾는 이들에게 전달하고자 하는 기본적인 내용은 유사할 것이다.

이 책에서 살펴본 바와 같이, 현대건축에 도입된 물은 인간의 감성을 유발시키는 도구로서 공간성을 강조하는 정적이며 동적인 지각체험 요소다. 건축공간에서 수공간은 공간을 확장하거나 분리·연결하며 공간의 방향성을 강조한다. 특히 수공간의 빛은 내부 공간에서 그림자와 강한 대비, 빛과 색의 다양한 변화를 통해 시각체험을 유도하고 주변상황을 비추는 거울로서 빛을 반사, 굴절, 투사하여 새로운 풍경을 창조하고 있다.

또한 장소성을 강화시키며 수공간을 체험하는 사람들에게 감성적 작용을 일으켜 장소로 인식시키고 있다. 수공간 계획은 물의 동적미와 정적미를 조합하고 물의 시각성과 청각성, 촉각성에 중점을 두고 고려하여야 한다. 즉, 수공간의 시각적인 느낌과 인간의 감성에 영향을 주는 심리학적인 느낌까지도 염두에 두어야 하며, 건축의 구성요소인 가벽과 경사로·계단·다리·전망 데크 등을 수공간과 적절히 구성하여 물에 대한 신체적 체험 효과를 높이도록 계획하는 것이 중요하다. 그러므로 이용자의 쾌적성, 지속성 등 환경의 질을 높일 수 있도록 계획하고 건축공간과 긴밀히 관계되는 유기적인 공간이 되도록 고려하며, 빛과 같은 자연요소를 적극 활용해야 할 것이다.

저자는 이 책을 미국과 일본에 소재하는 종교건축과 전시관건축을 직접 답사하여 현장체험을 중심으로 지각체험 요소를 통해 수공간의 특성과 의미, 건축과의 관계 등에 대해 해석하여 서술하였다.

그러나 현대건축 수공간에 대한 지각이 객관적이기보다 개인의 경험과 전통, 환경과 관계하기 때문에 주관적인 성격이 강하게 작용하였을 것이다. 결과적으로, 정리과정에 나타나는 사례의 해석과 서술과정에서 다소 주관적인 판단을 배제하지 못한 한계가 있음을 인정한다.

인간의 환경이 더욱 비인간화되고 우리의 시야가 좁아질수록 환경을 진솔한 삶의 현상으로 이해하기 위해서도 건축공간에 적극적인 수공간의 도입이 필요하고 이는 결국, 자연과 조화되며 인간을 위한 쾌적한 건축을 창조하기 위한 접근방법이다. 그러므로 여러 건축가들이 사용한 물의 의미와 사용방식에 대한 철학적이고 객관적인 다양한 자료들을 통해 멋진 수공간에서 많은 사람들이 소통하고 즐거워하는 날을 기대하고 싶다.